香 菇

真姬菇

灵 芝

U0383513

1

滑子磨

榆黄蘑

杨树菇

2

金针菇

竹荪

鸡腿菇

金福菇

3

口 蘑

凤尾菇

银 耳

科技兴农富民培训教材

食用菌高效栽培教材

编著者

李　明　田景花

李守勉　王俊玲　张殿生

金盾出版社

内 容 提 要

　　为了贯彻党中央关于加强农民技术培训的指示精神,帮助农民更好地依靠科技致富奔小康,金盾出版社与河北农业大学科教兴农培训中心共同策划,选择农民致富最常见的农业技术项目,约请热心农技推广的专家、教授编写,出版了这套"科技兴农富民培训教材",共20分册。该套教材从现阶段农村技术需求和农民的文化技术基础出发,较好地体现了农村短期技术培训的特点和金盾版农业图书通俗、实用、价廉的特色。这套教材的出版,得到了河北省扶贫开发办公室和联合国教科文组织国际农村教育研究与培训中心的热情支持。

　　本书是这套培训教材的一个分册,内容包括:食用菌菌种制作与保藏,平菇、金针菇、香菇、双孢菇、鸡腿菇、杏鲍菇、白灵菇的栽培技术,食用菌病虫害防治,食用菌贮藏加工技术。文字通俗易懂,技术先进实用,可操作性强。适合作为科技下乡培训教材和农民自学读本。

图书在版编目(CIP)数据

　　食用菌高效栽培教材/李明等编著. —北京:金盾出版社,2005.4

　　(科技兴农富民培训教材)

　　ISBN 978-7-5082-3495-3

　　Ⅰ. 食… Ⅱ. 李… Ⅲ. 食用菌类-蔬菜园艺-技术培训-教材 Ⅳ. S646

　　中国版本图书馆 CIP 数据核字(2005)第 004856 号

金盾出版社出版、总发行

北京太平路 5 号(地铁万寿路站往南)
邮政编码:100036　电话:68214039　83219215
传真:68276683　网址:www.jdcbs.cn
彩色印刷:北京蓝迪彩色印务有限公司
黑白印刷:双峰印刷装订有限公司
装订:双峰印刷装订有限公司
各地新华书店经销
开本:787×1092 1/32　印张:4.375　彩页:4　字数:91 千字
2012 年 3 月第 1 版第 6 次印刷
印数:54 001～60 000 册　定价:7.50 元

致　辞

　　世界二分之一以上的人口以及三分之二以上的贫困人口生活在农村地区。中国是世界上农业人口最多的国家，据2000年11月1日普查，乡村人口占63.91%。中国政府始终把农民脱贫致富看作是关系到国民经济能否持续、稳定发展的大问题。

　　近几十年来，中国农村中小学教育的发展，使农村劳动力的受教育水平有了显著的提高，但与城市居民相比，中国农民受教育程度总体上还不高，科学文化素质较低。随着农业经济的发展，农民迫切希望获得有关经济作物种植技术、农产品加工、家畜饲养等多方面的科技知识。而那些渴望摆脱贫困走向富裕的农民，更是急切地企盼通过便捷的学习新科学技术的途径，迅速发家致富。但他们缺乏与农业技术推广部门的沟通，也很少有机会得到专项培训和与公共服务部门的接触。

　　当前中国农业推广事业的发展，还没能使技术在农民增收中发挥最大作用，"科技兴农富民培训教材"系列图书的出版，为农民培训提供了丰富而可供选择的教材，使广大农民能够从中学到既先进又实用的新知识、新技术、新信息，这是一件提高农民素质，引导农民科学经营农业，不断增加收入的基础性、公益性益举。

　　国际农村教育研究与培训中心是中国政府和联合国教科文组织合作建立在中国的国际教育机构。自1994年成立以来,始终致力于农村教育思想、方法、技术的国际研究与传播,促进教科文各会员国之间对农村地区人力资源开发政策和战略的磋商与合作。河北农业大学科教兴农中心一直是我们密切合作的伙伴。他们情系农民、农村,心系农业创新与发展,始终如一。现在他们组织的"科技兴农富民培训教材"出版了,可喜可贺。愿该系列图书不仅给中国也给其他可适用国家和地区的农民带来切实的经济效益。

联合国教科文组织
国际农村教育研究与培训中心

2004 年 12 月 30 日

序

当前,我国已经进入建设全面小康社会和加快推进社会主义现代化建设新的历史时期。解决好"三农"问题,直接关系经济社会的持续、快速、健康发展。党中央、国务院高度重视"三农"工作,把解决好"三农"问题作为全党和全部工作的重中之重,制定了一系列惠农政策,实行城乡统筹,加大对"三农"的投入力度。

农民增收是"三农"问题的核心。增加农民收入,必须大力拓宽农民就业渠道,加快农民向非农产业转移步伐,逐步减少农民数量。加强农民培训,使广大农民尽快掌握科技文化知识和生产技能,提高农民素质,是扩大农民就业、实现农民增收的重要途径。当前,科技发展日新月异,科技进步对推动经济社会发展的作用日趋突出。增强农业农村经济市场竞争力,推进农村小康建设,必须加大农业科技推广力度,促进科技进村入户,提高农民运用科技增收致富的本领。

河北省扶贫开发办公室和河北农业大学联合组织编写的这套《科技兴农富民培训教材》系列丛书,以培训农民为对象,以种植业、养殖业致富实用技术为重点,通俗易懂,简便易行,针对性、实用性、可操作性都很强,是农民脱贫致富的金钥匙。丛书的出版发行,对我省农业、农村经济发展必将起到有力的推动作用。

预祝"丛书"的出版发行取得圆满成功。

宋恩华

2005 年 3 月 16 日

注:宋恩华同志现任河北省人民政府副省长

科技兴农富民培训教材编辑委员会

通讯地址：河北省保定市河北农业大学园艺学院

邮政编码：071001

咨询电话：0312—7528300

目　录

第一章　食用菌菌种的制作与保藏

一、菌种的概念

菌种是指经人工培养并可供进一步繁殖或栽培使用的食用菌的纯双核菌丝体,常常包括供菌丝体生长的基质在内,共同组成繁殖材料。我国的食用菌菌种通常分三级:母种、原种、栽培种。母种是经选育得到的具有结实性的菌丝体纯培养物(原始母种)及其继代培养物,以试管为培养容器和使用单位,易于保藏,也称一级菌种或试管种。原种是由母种转接到木屑、棉籽皮、麦草、谷粒等为主的培养基上扩大培养而成的菌丝体纯培养物,常以透明的玻璃瓶或塑料瓶为容器,也称二级菌种。栽培种是由原种转接、扩大到相同或相似培养基上培养而成的菌丝体纯培养物,直接应用于生产,常以玻璃瓶、塑料瓶或塑料袋为容器,也称三级菌种。

菌种的制作是食用菌栽培的前提和重要环节,其优劣直接关系到食用菌的产量和质量,甚至关系到生产的成败。优良的菌种应具备高产、优质、纯度高、抗逆性强等特性,这主要取决于菌株原有的种性及制种水平的高低。因此,选用优良菌株,掌握好制种技术,严格菌种质量,做好菌种的保藏工作,是食用菌生产中至关重要的技术环节。

二、制种的场地、设备、用具及消毒灭菌药品

(一)制种场地

现有的闲散房屋,只要周围环境卫生,均可利用;也可以新建,选择新场地时注意:交通要方便,水电要齐全,周围环境要卫生。为方便操作,减少污染,配料室、灭菌室、接种室、菌种培养室、销售室以及库房等的建造格局可参照图1-1。

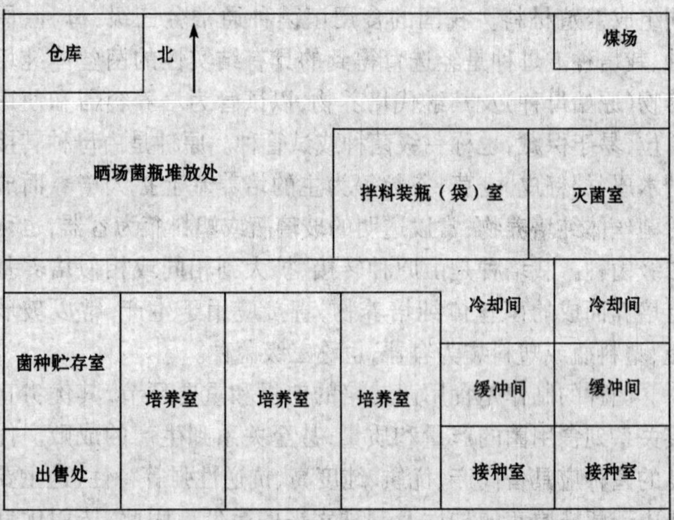

仓库	北↑			煤场
晒场菌瓶堆放处		拌料装瓶(袋)室		灭菌室
菌种贮存室	培养室 培养室 培养室		冷却间	冷却间
			缓冲间	缓冲间
出售处			接种室	接种室

图1-1 简易菌种场平面布局示意图

建造时注意:接种室、培养室等可根据生产规模盖几间,但每一间不要太大;同时,接种室和培养室外边,可以设一个缓冲间,确保接种室、培养室的卫生。

(二)常用设备

1. 拌料和装料设备

(1)拌料设备 可以人工拌料,规模较大时要用拌料机,拌料的效果更好。

(2)装料设备 量少时可以人工装料;量多时可用装瓶、装袋两用机,关键是掌握好装料的松紧度,3个人合作方便快捷,1人加料,2人套袋装料。

2. 灭菌设备 根据灭菌方式可分两类:一类是高压蒸汽灭菌设备,一类是常压蒸汽灭菌设备。

(1)高压蒸汽灭菌的特点 灭菌时间短,速度快,灭菌彻底;但每次灭菌量少,而且投资较大。常用设备见图1-2。

①手提式高压灭菌锅 容量小,适合于母种培养基的灭菌。

②立式高压灭菌锅 容量较小,适合于母种和少量原种培养基的灭菌。

③卧式高压灭菌锅 容量大,适合于原种和少量栽培种培养基的灭菌。

(2)常压蒸汽灭菌的特点 容量大(1次可灭500~1000千克干料),投资少,经济实用,常用于原种、栽培种培养基和栽培料的灭菌。其不足之处是灭菌所需时间长(10小时以上),效果相对差些。常用的设备为各种常压灭菌灶(图1-3)。设计常压灶时应注意:容量大小根据生产规模来定;灶顶部最好制成拱圆形,这样冷凝水可沿灶的内壁下流而不会打湿棉塞;灶仓内要设层架结构,以便分层装入灭菌物;灶上应安装温度计,可随时观察灶内温度的变化;因灭菌时间长,常压灶要设计加水装置;灶仓的密闭程度要尽可能高,这样既可提高灭菌效果,又可节省燃料。

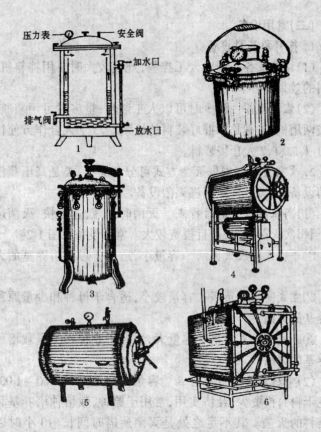

图1-2 高压蒸汽灭菌锅

1.高压蒸汽灭菌锅结构原理 2.手提式高压蒸汽灭菌锅

3.直立式高压蒸汽灭菌锅 4~6.卧式高压蒸汽灭菌锅

3.接种设备

(1)接种室 特点是空间较大,操作方便,接种速度快,但消毒效果较差,而且刺激性气味大。为提高消毒效果,接种室的面积以5~7平方米为宜,结构必须严密;墙壁和水泥地面

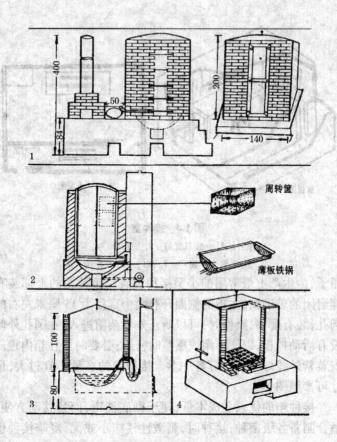

图 1-3　几种简易常压灭菌灶 （单位：厘米）

1. 简易灭菌灶　2. 管式灭菌灶　3. 虹吸式灭菌灶　4. 土蒸灶

要平整、光滑，便于擦洗、消毒；室内设有操作台、紫外线灯和日光灯；接种室的外面要有一间 2~3 平方米的装有紫外线灯的缓冲间，供工作人员换衣服、鞋帽和洗手等服务工作用（图1-4）。

（2）接种箱　接种箱是用木料和玻璃制成的、可以密闭的

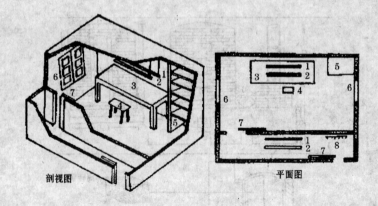

图 1-4　接种室

1. 紫外线灯　2. 日光灯　3. 工作台　4. 凳子
5. 瓶架　6. 窗户　7. 拉门　8. 衣帽钩

箱子,为生产上最常用的小型接种设备。接种箱的上部装有能启闭的玻璃窗;木板的侧面开有两个直径为 15 厘米左右的圆孔,装有套袖,操作时,可以防止外界杂菌进入;在圆孔外侧设有活动挡板,以便不用或熏蒸时密封;必要时可在箱内顶部安装紫外线灯和日光灯各一盏。接种箱的容量不宜过大,尺寸可参照图 1-5。

接种箱的优点是成本低,便于彻底消毒,而且移动方便,适合制备各级菌种;接种时,刺激性气味小或无,夏季接种也不会感到闷热。缺点是容量较小,操作有些不便。

(3)超净工作台　有单人的、双人的,接种时操作方便、舒适,但容量小,成本高,适合于接母种和少量原种。其原理是利用空气过滤器,除去杂菌孢子和灰尘颗粒,为接种操作创造局部高洁净的工作环境。

(4)塑料接种帐　是用钢筋或竹竿等做成框架,围上塑料薄膜,四周密封,地面用木条等压住薄膜,使接种帐密闭性好

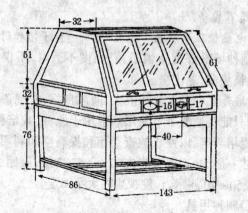

图 1-5　接种箱 (单位:厘米)

即可。它投资小,容量大,适合于接栽培种或栽培袋,但消毒效果略差。

(5)电炉或蒸汽接种　为简易的接种设备,它们是利用电热或汽热形成的无菌区域来完成各级菌种的接种操作,成功率一般在80%以上,制种量少时可应用(图1-6)。

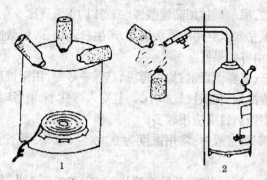

图 1-6　简易接种器

1.电炉接种器　2.蒸汽接种器

4.培养设备

(1)电热恒温培养箱　温度可调,适合于培养母种和少量原种。菌种场最好配备恒温箱,温度不适时,不仅菌丝生长慢,而且长势弱,老化快。

(2)培养室　要求清洁卫生,通风良好,并配备有调温设备,否则只能在适温季节使用。常用于原种、栽培种的培养。室内设置培养架,以便于检查杂菌和提高空间利用率。培养架的尺寸一般为:架高 2 米左右,设 5～7 层,层距 30～40 厘米,架宽 50～70 厘米,长度视房间大小而定。

(三)制种用具

常用的制种用具包括:酒精灯、小天平、地泵、水桶、盆、铝锅、镊子、接种钩、接种铲、试管、菌种瓶、菌种袋、漏斗、电炉或煤炉、温度计、湿度计、量筒、磨口瓶、塑料绳、报纸以及 pH 试纸等。

(四)常用的消毒药品

第一,75%酒精,用于表面消毒。

第二,福尔马林加高锰酸钾,二者以 10 毫升比 5 克混合,可用于 1 立方米空间的熏蒸消毒,产生白色烟雾,刺激性气味较大,但消毒效果好。

第三,气雾消毒剂:如克霉灵、菇保一号等,用于接种前空间的熏蒸消毒,刺激性气味小,而且对人毒性小,消毒时间短,效果也不错。目前应用较多。

第四,高锰酸钾:常用浓度为 0.1%～0.2%,用于表面消毒。

第五,5%石炭酸(苯酚溶液)或 1%～2%来苏儿:用于空间喷雾消毒。

第六,2%～5%漂白粉:用于水消毒。

各种消毒药品最好轮换使用,以防杂菌产生抗药性。

三、母种的制作

(一)母种培养基的制备

培养基是食用菌生长繁殖的基础,是按照食用菌生长发育所需要的各种营养,利用一些天然物质或化学试剂按一定的比例配制而成的营养基质。在菌种制备过程中,从母种到原种、栽培种,各个阶段所选用的培养基各不相同。

1. 常用的母种培养基配方(1000毫升培养基的用量)

(1)马铃薯葡萄糖琼脂培养基(PDA) 马铃薯(去皮)200克,葡萄糖20克,琼脂20克,pH值自然。还可以添加磷酸二氢钾3克,硫酸镁1.5克,维生素B_1 10毫克,即为马铃薯综合培养基。广泛适用于多种食用菌母种的分离、培养和保藏。

(2)马铃薯棉籽壳综合培养基 马铃薯100克,棉籽壳100克,麸皮50克,玉米粉20克,琼脂20克,葡萄糖20克,蛋白胨2~5克,磷酸二氢钾3克,硫酸镁1.5克,维生素B_1 10毫克,pH值自然。广泛适用于培养和保藏多种食用菌母种。

(3)马铃薯木屑综合培养基 马铃薯200克,木屑20克,蔗糖20克,麦芽糖10克,琼脂20克。适宜木腐菌菌丝生长。

(4)玉米粉蔗糖培养基 玉米粉40克,蔗糖10克,琼脂20克。适用于培养多种食用菌菌种,特别适于香菇、金针菇菌丝的生长。

(5)小麦琼脂培养基 小麦粒125克,琼脂20克。要预先将小麦粒在4000毫升水中烧煮2小时,放置1昼夜过滤,取滤液,不足1000毫升加水补充。适宜蘑菇菌丝生长。

(6)稻草浸汁培养基 稻草200克,蔗糖20克,硫酸铵3

克,琼脂20克,pH值7.2~7.4。适宜于草菇菌丝生长。

(7)堆肥浸汁葡萄糖培养基 堆肥(干)100克,葡萄糖20克,琼脂20克。适宜双孢菇菌丝生长。

2. 母种培养基的配制 选用铝锅或搪瓷缸等作浸煮容器。配制过程及注意事项如下:

(1)计算 按照选定的培养基配方,计算各种成分的用量。

(2)称量 用托盘天平称取各种物质。

(3)配制 以半合成培养基(即同时含有天然物质和化学试剂的培养基)为例,其配制步骤如下:

①煮汁,取滤液 马铃薯先去皮,切成2毫米厚的薄片;稻草等切成小段;谷粒用水洗净;棉籽皮、木屑等直接使用。称好后,加水1 200~2 000毫升煮沸,再用文火保持20~30分钟,并适当搅拌,使营养成分充分溶解出来;然后用4层或8层预湿的纱布过滤,取滤液。

②补足水量,加药品溶化 补足水量至1 000毫升;然后往滤液中加入琼脂,小火加热,搅拌至琼脂完全溶解;再加入葡萄糖和其他化学试剂使其溶化;最后调至适宜的酸碱度,进行分装。

③分装试管 制备好的营养液,趁热分装。常选用18毫米×180毫米的玻璃试管,用漏斗进行分装。方法是把玻璃漏斗夹在滴定架上,下接一段乳胶管和玻璃管,用弹簧夹夹住胶管。分装时把热的培养基倒入漏斗中,余下的置电炉上小火保温,然后左手持3支试管,让玻璃管伸到试管的中下部,右手用弹簧夹控制培养基流量。分装量掌握在试管长度的1/5~1/4,原则上是摆放成斜面后,斜面的长度为试管长度的1/2~2/3。注意培养基不能粘在试管口上,否则会污染棉塞。

④塞棉塞　分装完毕,塞上棉塞,用两层报纸作包头纸,3个1捆放入灭菌桶。注意棉塞松紧要适度,长度约3～5厘米,塞入试管中的长度约占总长的2/3。

3. 培养基灭菌　空间中存在着大量危害食用菌的微生物,在食用菌栽培上通称为杂菌。杂菌能通过多种渠道污染培养基,使制种失败。因此只有采取各种措施做好培养基和空间的消毒灭菌工作,才能保证制种成功。培养基常用的灭菌方法分高压蒸汽灭菌和常压蒸汽灭菌两类。

(1)高压蒸汽灭菌　高压蒸汽灭菌所需要的压力和时间依灭菌物品及灭菌量而定。母种培养基灭菌时,一般需用0.11～0.12兆帕的压力,灭菌30分钟;原种和栽培种培养基灭菌时,通常需用0.14～0.15兆帕的压力,灭菌1.5～2小时。高压蒸汽灭菌的方法步骤及注意事项如下:

①加水,装入培养基　向灭菌锅内加水至水位标记高度,过少易烧干,造成事故;过多棉塞易受潮,引起霉菌污染。把培养基装入灭菌锅内,棉塞不能接触锅壁,上面要盖2层报纸或1层防水油纸,防止锅盖下面的冷凝水打湿棉塞;锅内的培养基必须排放有序,使蒸汽流通,否则容易灭菌不彻底。最后均匀拧紧锅盖上的螺丝,勿使漏气。

②加热灭菌　这一步关键是冷气排放要完全,较好的方法是当压力升至0.5兆帕时,打开放气阀缓慢放气,让压力降至零,再放气10～15分钟,当有大量蒸汽排出时,关闭放气阀升压灭菌。当升至所需压力时,开始计时,并调节火力大小,始终维持所需压力直到规定时间。

③停止加热,缓慢减压　待压力自然下降到零时打开放气阀,缓慢排出残留蒸汽;然后打开锅盖,取出灭菌物品。注意,如果人工排气降压,排气不能太快,否则压力突然降低,会

使母种培养基沸腾而溅到棉塞上,甚至把棉塞冲出,或造成原种、栽培种的瓶或袋胀破。取出的母种培养基要趁热摆斜面,原种和栽培种培养基要搬入已消毒的冷却室。

④使用完毕,排出剩余水分　使锅内保持干燥,若连续使用,应注意补足水分。

(2)常压蒸汽灭菌

①向铁锅内加足水,同时用于补水的小锅内也要加满水　将培养基按层次分别放入灭菌灶内。瓶或袋之间应留有空隙,不能装得太多太密,要保证锅内蒸汽流通,装好后用螺栓将灶门扣紧。

②加热升温　随时观察灶内温度,当温度上升到100℃时,开始计时。注意温度要保持住,并定时向铁锅内加开水,以防烧干。切勿加进凉水,否则影响灭菌效果。

③维持压力8~10小时或更长　视灭菌量及料袋的摆放情况而定,然后停止加火;焖6~8小时,待温度自然下降,取出灭菌物品,放入预先消毒的冷却室。

4. 摆斜面　取出的母种培养基,趁热摆斜面,让其自然冷凉,琼脂培养基降到40℃以下即可凝固。母种培养基的制作流程见图1-7。

(二)组织分离

组织分离是指在双核菌丝的组织体上切取一块组织,使其在培养基上萌发而获得纯菌丝体的方法,属于无性繁殖,简单易行,是生产上最常用的获得原始母种的方法。

1. 组织分离的种类　子实体、菌核和菌索等都是由菌丝体扭结形成的组织化菌丝,它们均具有较强的再生能力和保持亲本种性的能力。因此,据切取的组织来源不同,组织分离法可分为子实体组织分离和菌核、菌索的组织分离。其中,最

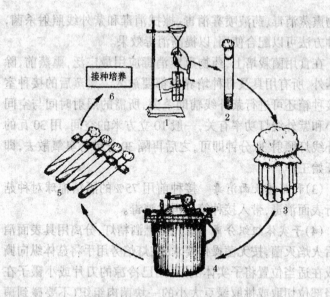

图 1-7　母种培养基制作流程

1. 分装试管　2. 塞棉塞　3. 打捆　4. 灭菌　5. 摆斜面

常用的是子实体的组织分离。

2. 子实体组织分离的方法

(1)种菇的选择　种菇是被选择用来进行组织分离的子实体。一般选择在适宜出菇期出菇早、出菇整齐、无病虫害、产量高的栽培袋或栽培畦,从中选择肥大、肉厚、约六成熟的幼嫩子实体,分离的前一天停止喷水。采后切去多余菇柄。

(2)接种场地的消毒

①超净工作台的消毒　必要时可先用 75% 的酒精擦拭,然后把接种用具(组织分离用具:酒精灯、刀片或尖头小镊子等)、种菇以及母种培养基放入,开机吹无菌风 20 分钟即可使用。

②接种箱、接种室和接种帐的消毒　常用的消毒方法有

药物熏蒸消毒、药液喷雾消毒、擦拭消毒和紫外线照射杀菌，几种方法可以配合使用，以提高消毒效果。

在食用菌栽培上，药物熏蒸消毒应用最广泛，熏蒸前，除种菇外，所有用具及母种培养基都要放入。熏蒸后的接种室和接种箱还可进行紫外线辅助杀菌，所需的照射时间与空间大小和紫外线灯功率有关，一般 10 立方米的空间，用 30 瓦的紫外线灯照射 30 分钟即可，之后再隔 30 分钟等臭氧散去，即可开始工作。

(3)种菇的表面消毒　接种前用 75% 的酒精棉球对种菇进行表面消毒，带入接种箱后再次消毒。

(4)子实体组织分离　首先点燃酒精灯，分离用具表面消毒后火焰灭菌，按无菌操作要求，在灯焰旁用手将菇体纵向撕开或在适当位置将子实体剖开，用已冷凉的刀片或小镊子在适当部位切取或挑取绿豆大小的一块菌肉组织(不要碰到菌褶)，迅速接入斜面培养基，塞上棉塞(图 1-8)。

(5)培养　菌种培养的关键是控制好环境的温度、湿度、空气和光线等条件。其中以温度最为重要，不同的食用菌种类菌丝生长的适宜温度也不同，可参考后面几章；空气相对湿度保持在 60% 左右，湿度过高时，要加强通风排湿，或向地面撒生石灰吸潮，以防杂菌孳生；同时避光并保持空气新鲜，从而使菌丝健壮生长。

经 2～3 天，组织块上即可萌发出大量菌丝，此后每隔 2～3 天检查 1 次杂菌污染情况，若在组织块上或远离组织块的培养基表面上出现独立的小菌落或奶油状物质，即为污染，立即淘汰。一般经 10 天左右菌丝可长满斜面，即为原始母种。长满后置 2℃～4℃冰箱中冷藏备用。

菌核和菌索组织分离的方法步骤与子实体组织分离法类

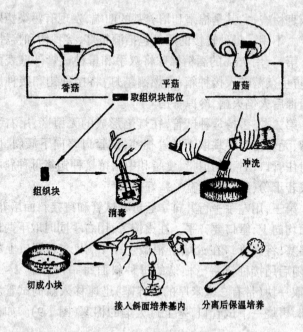

香菇　　平菇　　蘑菇

取组织块部位

组织块

消毒

冲洗

切成小块

接入斜面培养基内　　分离后保温培养

图1-8　子实体组织分离

似,只是取材部位不同。

　　(三)母种的转接

　　母种的转接,也称转管、母种的扩大或继代培养。由于分离或引进的原始母种数量有限,不能满足生产所需。因此,需进行扩大培养。通常原始母种允许扩大转接 3～4 次,均称继代母种,用于繁殖原种和栽培种。

　　1. **接种场所的消毒**　同组织分离。如果用接种箱,母种不能放入熏蒸,要在接种前带入。

　　2. **接种**　接种是指在无菌条件下,将菌种移接到适宜其生长的新培养基上的操作过程。转接用的母种在使用前,必须认真检查,尤其是棉塞和培养基的前端,发现有污染嫌疑的应弃去不用。母种转接的用具包括酒精灯、接种钩和接种铲。

第一,用75%的酒精棉球将双手和母种试管外壁表面消毒,防止杂菌带入接种箱;点燃酒精灯,将接种钩和接种铲表面消毒后火焰灭菌,冷凉备用。

第二,左手持母种试管,在灯焰形成的无菌区,用右手的小指、无名指和手掌取下试管棉塞,试管口略向下倾斜,用灯焰封住管口,右手的拇指、食指和中指持接种钩将母种斜面横切成若干份(约3毫米宽),塞好棉塞。

第三,用左手平行并排拿起母种试管和待接斜面培养基,斜面均向上,管口要齐平。在火焰旁,用右手同时取下两试管的棉塞,将试管口在火焰上稍微烧一下,以杀灭管口上的杂菌,随后用接种铲将已横切的母种斜面每一份分成2~3小块,取一块(带有2毫米厚的培养基)迅速移入新的试管斜面中部,再烧一下试管口,塞上过火焰的棉塞(图1-9)。如此反

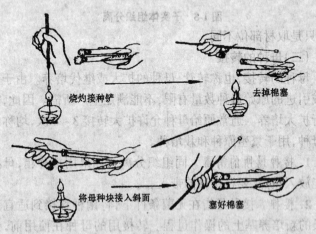

烧灼接种铲　　　　　　　去掉棉塞

将母种块接入斜面　　　　塞好棉塞

图1-9　母种的转接

复操作,1支母种可扩接30～60支继代母种。

第四,接好种的试管,逐支贴上标签,写明菌种名称及接种日期等。工作结束后,及时清理接种箱。

3. 培养 培养的环境条件同组织分离。一般母种经7～10天可长满培养基,然后用于进一步扩繁或置2℃～4℃冰箱中冷藏备用。

四、原种的制作

原种由母种扩大繁殖而成,可用于制作栽培种,也可直接用于接种栽培袋。

(一)常用的原种培养基配方

1. **木屑麸皮培养基** 阔叶树木屑78%、麸皮(或米糠)20%、蔗糖1%、石膏粉1%、含水量55%～60%。适宜于木腐菌菌丝的生长,为木腐菌通用培养基。

2. **木屑蔗渣综合培养基** 木屑45%、蔗渣40%、米糠10%、过磷酸钙2%、蔗糖1%、石膏粉2%、含水量65%。适宜于木腐菌菌丝的生长。

3. **木屑棉籽壳综合培养基** 木屑40%,棉籽壳38%,麸皮15%、玉米粉3%、豆饼粉2%、石膏粉1%、蔗糖1%。含水量60%左右。适宜金针菇菌丝生长。

4. **棉籽壳培养基** 棉籽壳78%～83%、麸皮15%～20%、蔗糖1%、石膏粉1%、含水量60%～65%。适宜于大多数食用菌菌丝的生长。

5. **棉籽壳牛粪粉(发酵)培养基** 棉籽壳77%、牛粪粉20%、石膏粉1%、石灰2%。适宜蘑菇菌丝生长。

6. **麦粒培养基** 小麦(或大麦、燕麦)98%、石膏粉2%;

或各种谷粒(小麦、大麦、燕麦、高粱粒、玉米粒等)97%、碳酸钙2%、石膏粉1%、pH值6.5~7。适用于除银耳外的大多数食用菌原种的生产,尤其适宜于蘑菇菌丝生长。

7.麦粒木屑(或棉籽壳)培养基 小麦(或大麦、燕麦)65%、杂木屑(或棉籽壳)33%、碳酸钙(或石膏粉)2%。适合于各种食用菌原种的生产,效果与麦粒培养基相同,而加木屑后能防止麦粒结块,加快发菌并可节省小麦用量。

注意,锯木屑要求用阔叶树屑(樟、楠、木荷等除外),硬杂木屑也可直接使用;而针叶树屑,一般不能直接使用(茯苓等与松树共生除外),它们经堆积发酵后,可与阔叶树木屑搭配使用,但其用量不能超过1/3;木屑需晒干保存,过筛使用,不可过细,以免影响培养基的通气性。玉米芯应粉碎成黄豆粒大小的颗粒。

(二)原种培养基的制作

1.使用的容器 原种制备多使用750毫升的罐头瓶,或850毫升的专用塑料菌种瓶。专用菌种瓶多用棉塞封口,也可用能满足滤菌和透气要求的无棉塑料盖代替;如果用罐头瓶,可用两层报纸和一层聚丙烯塑料膜封口。

2.制作过程及注意事项

(1)选定配方 按配方要求分别称取各种营养物质。

(2)加水拌料 先将蔗糖、石膏粉等可溶性辅料溶于水,其他原料混合干拌,再把水溶液倒入,搅拌均匀。堆闷2小时左右,用手紧握培养料,指缝间有水渗出而不下滴为宜(含水量约60%~65%)。

对于谷粒培养基,需要预处理。首先选择无病虫害的谷粒(小麦、大麦、燕麦、稻谷、玉米等),用清水冲洗干净,浸泡12小时左右(稻谷需浸泡2~3小时,玉米粒需浸泡约4~5小时);然后加水超过谷粒表面,煮开锅后小火再煮 20～30 分钟,使谷粒充分煮透,胀而不破,切开后无白心即可,用水冷却后摊开,晾干表面水分。将预先调好含水量的谷壳、杂木屑、棉籽壳或干粪粉(料∶水约 1∶1.3～1.5)以及碳酸钙等其他营养物质与处理好的谷粒混拌均匀,然后装瓶。

(3)装瓶 料一定要装匀,松紧适度,装至瓶肩处(谷粒培养基的量要少些),料面压平,擦净瓶口内外侧。接着用直径 1.5～2 厘米的锥形木棒在料中央打孔,深至瓶底,塞上棉塞,外面用 1 层牛皮纸包好。若用罐头瓶作容器,可用两层报纸和一层塑料膜封口。打孔后培养料上下通气,能提高灭菌效果,还有利于菌丝沿孔洞向下蔓延,加速菌丝生长。

(三)灭 菌

分装好的原种瓶,要当天灭菌,以免培养基发霉变质。若采用高压灭菌,于 0.14～0.15 兆帕压力下灭菌 1.5～2 小时;若采用常压灭菌,需灭菌 8～10 小时以上。

(四)接 种

1. 接种场地的消毒 通常在接种箱内进行。将灭过菌的料瓶和接种用具(酒精灯和接种钩等)一同放入接种箱内熏蒸 1～2 小时。

2. 接种方法 无菌操作要求与母种的转接相同。首先将母种试管外壁表面消毒后带入接种箱;点燃酒精灯,用酒精棉球再次对试管外壁表面消毒,特别是管口处;取下棉塞后,试管口在火焰上烧一下,然后用经火焰灭菌并已冷凉的接种钩将母种斜面分成 4～6 份,将其固定在接种架上,注意管口要始终在酒精灯火焰形成的无菌区内(管口离火焰约 1～2 厘米)。然后左手持原种瓶,右手取下棉塞,瓶口在火焰上烧一下,用接种钩取一份母种迅速准确地放入料瓶内的接种穴处,棉塞过火后塞好,包上包头纸。如此反复,每支母种可扩接原种4~6瓶(图1-10)。如果用罐头瓶,接种时只能掀开封口膜的一个角,尽量减少瓶口裸露面,以防杂菌侵入;两人合作既好又快。接完种,贴上标签。

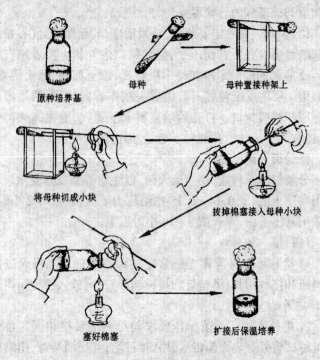

原种培养基　母种　母种置接种架上

将母种切成小块　拔掉棉塞接入母种小块

塞好棉塞　扩接后保温培养

图1-10　母种扩接为原种

(五)培　养

原种数量较大,常用培养室进行培养,培养条件同母种的培养。定期检查杂菌发生情况,从培养3~5天开始要每天检查1次,当菌丝封住料面并向下深入1~2厘米时,可改为每周检查1次。若发现污染的瓶应立即淘汰,并隔离污染源。

一般在适温下 30~40 天可发满(谷粒菌种生长速度快,只需 15~20 天),菌丝长满后,再继续培养 3~5 天,让菌丝充分积累营养,更加洁白、浓密。培养好的原种尽快使用,也可置于低温、干燥的贮藏室短期保存。

五、栽培种的制作

栽培种是把原种转接到相同或相似的培养基上扩大培养而成的,直接应用于生产。其使用量较大,不易长期保存。因此制种的时间和数量必须根据生产季节和生产规模有计划进行,并要考虑到可能的污染率。

(一)栽培种培养基的制备

1. 常用的栽培种培养基配方　与原种的培养基配方可以完全一样,也可以适当减少麸皮、米糠等的用量,如由 20% 减少到 15% 或由 15% 减少到 10%,相应增加主料。栽培种需求量大,需原材料也多,为了便于就地取材,降低成本,除了上述列出的原种培养基外,还可应用下面的配方:

(1)枝条或木块培养基　枝条或木块 77%、木屑 13%、米糠 8%、蔗糖 1%、石膏粉 1%、含水量 60%~65%。将木块用 1% 蔗糖水浸泡 12 小时,再与其他辅料混合,适用于香菇、木耳的段木栽培。

(2)玉米芯培养基　玉米芯 78%、麸皮 20%、蔗糖 1%、石膏粉 1%、含水量 65%。适宜黑木耳、平菇等生长。

(3)蔗渣培养基　蔗渣(干)78%、米糠 20%、黄豆粉(或玉米粉)1%、石膏粉 1%、水适量。适于多种食用菌培养。

(4)稻草培养基　稻草 78%、麸皮(或米糠)20%、碳酸钙(或石膏粉)1%、石灰 1%、含水量 65% 左右。将稻草铡成 3

厘米左右的小段,浸水 1~2 天,吸足水分后捞起,沥至不滴水,加入辅料拌匀。适用于草腐菌类菌种的生产。

(5)粪草培养基　发酵麦秆 72%、发酵牛粪粉 20%、麸皮 5%、糖 1%、磷酸钙 1%、石膏 1%、含水量 62%~65%。适合于双孢菇菌种生产。

2.栽培种培养基的制作

(1)使用的容器　可使用与原种相同的菌种瓶,但由于栽培种数量大,目前生产上普遍采用塑料袋作为容器制备栽培种,常用的塑料袋为直径 12~17 厘米的高压聚丙烯塑料袋和低压聚乙烯塑料袋。常用规格有两种:①17 厘米×33 厘米,一端开口,一头接种。每袋装干料 250~300 克;②17 厘米×45 厘米,两端开口,两头接种。每袋装干料 500 克左右。

(2)培养基的制作过程

①称料和拌料　可参照原种的制作。

②分装　装瓶的方法与原种的制备相同。如果以塑料袋作为容器,可以手工装料,量大时可利用装瓶、装袋两用机。装料要求松紧适度,上下均匀一致,袋壁光滑,料面平整。一般装至距袋口 6~8 厘米处。装好后,用锥形木棒在料中央打孔至料底,然后绑口。绑口方法有两种,一是在袋口套塑料环,把塑料膜翻下来,塞棉塞,包上包头纸;二是直接绑绳,注意绳要绑紧,尽量排除袋内的多余空气,防止灭菌时胀袋及灭菌后冷空气进入。

③灭菌　同原种的制作。

(二)接　种

1.接种场地的消毒　通常在接种箱或接种室内扩接栽培种,消毒方法同原种的制作。消毒前把所有接种用具(酒精灯、接种匙或大镊子)以及栽培种培养基等一起放入接种场所消毒。如果所用原种以棉塞为封口材料,必须在接种前表面消毒后带入;如果以塑料膜作封口材料,绑紧后可放入一起熏蒸。

2. **接种过程** 关键是严格地无菌操作。双手表面消毒后进入接种箱,用酒精棉球对原种瓶外壁表面消毒;拔出棉塞或去掉塑料盖后,置于瓶架上,火焰封住瓶口,用75%的酒精棉球对瓶口内外壁表面消毒后火焰灭菌;接种匙或大镊子在使用前也要表面消毒,火焰灭菌,冷凉后再用。

接种时,首先除去原种表面的老菌皮或菌膜;然后左手持栽培种培养基,右手拔去棉塞,按无菌操作,用大镊子把原种扒成1~2厘米的小块,接于栽培种培养基上3~4块;或用接种匙取一匙接种于栽培种培养基上,稍压实,瓶口和棉塞过火焰后封口(图1-11)。

对袋装培养基接种时,菌种袋竖直放在酒精灯旁,无法用火焰封住口,因此对接种场所的消毒水平要求更高;接种时两人配合既快又好,一人负责解绳、绑绳,另一人负责接种,无菌操作要严格、快捷;如果是两头接种的菌种袋,一头接种绑口后,再接另一头;如果袋口直接绑绳,要注意解决袋内培养基的通气问题。一般每瓶原种可扩接栽培种50~60瓶或20~40袋。

(三)培 养

同原种的制作。

六、菌种的保藏

菌种保藏的目的是为了防止菌种的变异、退化、死亡以及杂菌污染,确保菌种的纯一,使菌种能长期做研究及生产使

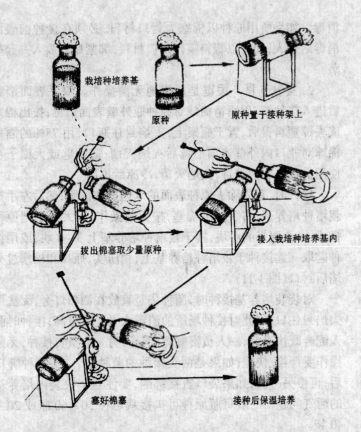

栽培种培养基

原种

原种置于接种架上

拔出棉塞取少量原种

接入栽培种培养基内

塞好棉塞

接种后保温培养

图 1-11　原种扩接为栽培种

用。菌种保藏的原理是通过低温、干燥、隔绝空气和断绝营养等人为手段,以达到最大限度地降低菌种的代谢强度,抑制菌丝的生长和繁殖,尽量使其处于休眠状态,以长期保存生活力。目前常用的菌种保藏方法有以下几种:

(一)斜面低温保藏法

是最常用的母种保藏方法,保藏温度为 2℃~4℃(草菇菌种除外,草菇菌种需保藏在 10℃~12℃下),保藏过程中应注意:每 2~3 个月转管 1 次;经常检查有无杂菌污染,尤其是棉塞上。在斜面低温保藏过程中,菌丝代谢仍较旺盛,试管内培养基也易失水变干。因此,保藏时间较短,转管次数多,不适于长期保存。

（二）液体石蜡保藏法

又叫矿油保藏法,是在菌种斜面上灌注一层无菌液体石蜡进行保藏,液体石蜡能隔断空气及水分交流,抑制生物代谢,延缓细胞衰老,因此能延长菌丝生命,可长期保持菌种的优良种性。置于冰箱或室温下,保藏期限可达 5 年以上。

另外,还有孢子保藏法、蒸馏水保藏法、沙土管保藏法、液态氮超低温保藏法等。

思考题

1. 食用菌菌种的概念是什么,如何区分三级菌种?

2. 在菌种生产过中,如何培育健壮菌丝,防止杂菌污染?

3. 菌种保藏的原理及常用方法是什么?

第二章　平菇栽培

一、概　述

(一)形态特征

平菇由菌丝体和子实体两部分组成,子实体即食用部分,由菌盖和菌柄组成。菌盖一般灰白色至灰褐色,直径 5 ~ 21 厘米,菌柄长 2 ~ 8 厘米,多侧生。菌丝体是平菇的营养器官,从培养料中吸收营养,供子实体生长发育。

(二)生长发育条件

平菇生长发育可分为菌丝体生长阶段(又叫发菌阶段或发菌期)和子实体生长阶段(又叫出菇阶段或出菇期)。从接种栽培至出菇前叫菌丝体生长阶段;出菇后至采收前为子实体生长阶段。不同的发育阶段所需条件也不同,只有满足其所需要的条件,才能正常生长,获得优质高产。

平菇生长发育需要合适的营养、温度、湿度、空气、光线和酸碱度。应采取措施,创造适宜其生长发育的良好条件,以获得高产优质。

1. 营养　营养是平菇生长发育的物质基础。在人工栽培条件下,栽培料极其广泛,一般农副产品的秸秆、皮壳均可栽培平菇,如棉籽壳、玉米芯、稻草、麦秸、甘蔗渣、花生皮等。但要获得优质高产,有的栽培料需添加一定量的辅料,如麸皮、饼粉、玉米面、尿素、磷肥等,可显著提高产量和质量。

2. 温度　温度是平菇生长发育的重要条件,菌丝在

3℃～35℃可生长,适宜的温度为 24℃～27℃;3℃以下或35℃以上,菌丝生长极其缓慢,40℃以上菌丝停止生长,甚至死亡。平菇菌丝耐寒力极强,在相对干燥的情况下,可短时间忍耐 –30℃低温;子实体形成与生长的温度范围是 5℃～25℃,适宜的温度为 10℃～18℃,昼夜温差或人工变温处理可促使子实体的形成与生长。在一定范围内,温差越大,子实体分化越快。近年来,平菇品种繁多,各品种对温度的要求也有差异,高温型平菇对温度的要求较高,而广温型品种对温度的要求就不太严格。

3. 湿度　湿度也是平菇生长发育的重要条件,包括培养料的含水量和空气相对湿度。菌丝体生长阶段,培养料的含水量要求 60% 左右,空气相对湿度要求在 70% 以下,过低过高均会影响菌丝生长;子实体生长阶段,培养料的含水量要求65%～70%,出菇室空气相对湿度要求在 85%～95%,空气相对湿度低于 70% 时,子实体生长缓慢,甚至出现畸形,当空气相对湿度高于 95% 时,子实体易变色腐烂或引起其他病害。

4. 空气　主要指氧气和二氧化碳对平菇生长发育的影响。平菇属好气性真菌,生长过程中需要充足的氧气和低浓度的二氧化碳。一般情况下,空气中的氧气含量能满足平菇生长发育的需要,但由于平菇生长过程中不断吸收氧气和放出二氧化碳,使空气中氧的含量降低,二氧化碳浓度增加,影响其生长发育。菌丝体生长阶段表现出耐受二氧化碳的能力较强,而子实体生长阶段需充足的氧气和低浓度的二氧化碳,子实体才能正常形成和生长。因此,必须保证出菇室空气新鲜,否则子实体不能正常形成或长成畸形菇。

5. 光线　光线对平菇的生长发育也有一定的影响。菌丝生长阶段几乎不需要光线,弱光和黑暗条件下均生长良好,光线强反倒抑制菌丝的生长;但子实体阶段需要较强的散射光,在完全黑暗条件下不能形成子实体,一般能看书看报的光线即可,较强的直射光对菌丝体和子实体的生长都有害。

6. **酸碱度**　平菇菌丝在 pH 值 3～7 时能正常生长,适宜的 pH 值为 5.5～6.5。在平菇生长发育过程中,培养料 pH 值逐渐下降(即变酸),因此为了使平菇能更好地生长和抑制杂菌的发生,在配制培养料时,应适当提高 pH 值,使其偏碱性为好,一般用石灰水来调节 pH 值。

二、平菇栽培技术

(一)栽培季节与场地

1. **栽培季节**　栽培季节与栽培成功率和经济效益直接相关,不同的平菇品种对温度条件的要求也有差异,应根据各品种的特性和当地的气候条件安排栽培季节。华北地区按自然气候条件,可在春秋栽培,冬季采取人工加温或利用太阳光的辐射热升温,也可栽培,而且冬季栽培的成功率高,产量高、销售价格也高,可获得较好的经济效益。夏季由于气温太高,不适合栽培平菇。由于近年来培育出了高温型平菇品种,夏季也可少量栽培,可利用温度较低场所如地下室、防空洞、山洞等栽培,但由于夏季是蔬菜供应旺季,平菇销售价格偏低,经济效益不高,因此不提倡夏季栽培。

以河北省为例,栽培平菇季节安排如下:每年 7 月中旬开始制母种,8 月上旬开始制原种,8 月下旬开始制栽培种,9 月中旬开始接种栽培。河北以南地区应适当延后,河北以北地区可适当提前。之后可随时制种和栽培,最后一批接种应截止在 11 月下旬至 12 月上旬。

2. 栽培场地 平菇对于栽培场地要求不严,平菇栽培场地要求地势平坦,通风良好,远离牲畜和家禽棚舍,又靠近水源。栽培场地分室内和室外两种类型,栽培时应根据需要和条件选择。一般能保温、保湿的场所均可栽培平菇,如现有的闲散房屋,各种日光温室、塑料大棚、地下室、防空设施、山洞等场所也可利用。

(1)室内场地 利用现有的闲散房屋如厂房、库房、民房等均可栽培平菇,但应进行必要的改造。宜选用北房,室内最好有顶棚,地面为水泥或砖,南北要有对称窗,靠近地面处要有南北对称的通风口,四壁用白灰或涂料抹光,以便于消毒灭菌。利用现有的地下室、防空设施、山洞等场所也可栽培平菇,但这些场所一般光线和通风条件较差,栽培时应增加光线,如每 1.5 平方米可安装 60 瓦灯泡 1 只。栽培量不宜过大,要加强通风,必要时可采取强制通风,如可以在通风口安装排风扇。春秋适温季节适合室内栽培,如果冬季采用室内栽培,应有加温设施。

(2)室外场地 室外场地多种多样,应根据条件和季节采用不同方式。地面阳畦或塑料棚受外界环境条件影响较大,易升温和降温,便于通风换气,但保温效果差,适合春、秋适温季节栽培。半地下阳畦或塑料棚能充分利用太阳光辐射热升温,且保温、保湿性能好,受外界环境条件影响小,适合早春、晚秋和冬季栽培。建造时,宜选择背风向阳地势高燥的地方,东西向长 10～15 米、宽 4～5 米,下挖 0.5～1 米深,用挖出的土将北埂加高 1～1.5 米,南埂加高 0.5 米,畦埂厚度不限,东西两埂自然倾斜并留门。地面上南北两埂留对称通风口,每隔 2～3 米设一个通风口,每个通风口高 30～40 厘米、宽 20～30 厘米,东西两侧门的大小根据需要而定。畦内北侧两端或一端要修建拔风筒,拔风筒下口与畦内地面相通,地面以上拔风筒高 1.5～2 米,拔风筒越高拔风效果越好。畦面横架竹竿或木棍,畦内立若干个较粗的竹竿,以使顶棚更加牢固。棚顶覆盖塑料薄膜和草帘。这种半地下阳畦,河北以南地区冬季不用生火加温就能栽培平菇,深受广大菇农的欢迎。

(二)品种选择

1. 平菇 2019 子实体柄短肉厚,深灰色,耐水,韧性好,不易破碎,高产。

2. 平菇 5526 子实体深灰色,柄短肉厚,高产,抗病性强。

3. 灰平菇 子实体深灰色,柄短肉厚,韧性好,高产。

4. 平菇 142 子实体灰白色,菇形圆整,柄短,高产。

5. 杂 24 子实体灰白色,柄短,个体多,出菇早。

6. 白平菇 子实体纯白色,柄短,韧性好,出菇晚,较耐高温。

7. T-平菇 子实体深灰色,个体多,出菇早,耐高温,30℃能正常出菇。

(三)培养料的选择与配制

1. 栽培料的选择与配方 栽培料是平菇生长发育的物质基础,其营养水平直接影响产量与品质。根据平菇对营养的要求,多种农作物的秸秆、皮壳均可栽培平菇,棉籽壳栽培平菇产量高,是栽培的首选原料。近年来棉籽壳供应日趋紧张,且价格上升,也可选择其他培养料。如北方玉米产区,玉米芯作为主要原料日益受到菇农的重视。一些地区使用稻草、花生壳等作为栽培原料,也取得了较好的效果。常用的配方有以下几种:

配方一 棉籽壳 96.7%、过磷酸钙 1%、草木灰 1%、石膏粉1%、尿素0.3%。

配方二　棉籽壳94%、麸皮5%、石膏粉1%、多菌灵(50%含量)0.1%。

配方三　玉米芯(粉碎成黄豆粒大小)93%、棉籽饼粉4%、过磷酸钙1%、石灰1%、石膏粉1%。

配方四　麦秸或稻草91.7%、棉籽饼粉5%、过磷酸钙1%、石灰1%、石膏粉1%、尿素0.3%。

配方五　玉米芯或花生壳86.7%、麸皮10%、过磷酸钙1%、石膏粉1%、石灰1%、尿素0.3%。

配方六　棉籽壳90.8%、麸皮5%、豆饼粉1%、磷肥1%、石膏粉1%、石灰1%、尿素0.2%。

配方七　稻草91.7%、棉籽饼5%、过磷酸钙1%、草木灰1%、石膏1%、尿素0.3%。

配方八　酒糟77%、木屑10%、麸皮或米糠10%、过磷酸钙1%、石灰1%、石膏粉1%。

2. 栽培料的配制与发酵　根据当地自然资源和自己的实际情况选择栽培料。栽培料应新鲜、无霉烂无变质，先在晴天太阳光下暴晒2~3天，然后按配方比例称取各物质，按料水比1:1.3~1.5加水拌料，充分搅拌均匀，堆闷2小时后即可使用。拌料时应注意以下几点：

第一，含水量要适宜，拌料可在水泥地面上，以防止水分流失。手握拌好的栽培料，指缝间有水滴而不滴下，说明含水量适宜。

第二，拌料要均匀，含量较少的物质，如糖、石膏、尿素、过磷酸钙、石灰等应先溶于水中，然后再拌料。

第三，麦秸和稻草先压扁铡碎成2~3厘米的小段，用pH值9~10的石灰水浸泡24小时，捞出沥干，再加入其他辅料，充分拌匀。

第四,玉米芯应先粉碎成黄豆粒大小的颗粒,拌料时按料水比1:1.8~2加水拌料。

第五,酒糟应先充分晒干,晒干过程中要经常翻动,以利于酒糟气味挥发,晒干后再加水拌料。

实践证明,培养料堆积发酵可改善其物理性状,提高营养水平和消灭部分杂菌与害虫,提高栽培的成功率和产量。栽培料堆积发酵的方法:先将栽培料按料水比1:1.8~2加入pH值9~10的石灰水拌料,充分搅拌均匀,使含水量达65%~70%。然后选择向阳、地势高燥的地方,按每平方米堆料50千克堆积发酵,栽培料数量少时堆成圆形堆,有利于升温发酵;如果数量大可堆成长条形堆,麦秸和稻草因有弹性应压实,其他栽培料应根据情况压实,然后用直径2~3厘米的木棍每隔0.5米距离打1个孔洞至底部,以利于通气,也可铺料时在底部放2根竹竿,上面两侧打孔时与底部竹竿交叉,堆好后抽出底部竹竿。之后覆盖塑料薄膜保温保湿,使之发酵,经1~3天料温升至50℃~60℃(不宜超过70℃)时,经24小时翻堆1次,翻堆时要将外层料翻入内层,再按原法堆好,当温度再次升至50℃~60℃时,再经24小时发酵。发酵过程中,如果温度达不到50℃以上,应延长发酵时间。发酵后期为防止蝇蛆可喷敌敌畏500~600倍液,为防止杂菌发生,也可拌入0.1%的多菌灵或0.2%~0.5%的甲基托布津。

栽培料在堆积发酵过程中要损失水分,pH值也会下降,所以发酵之后应重新调整栽培料的含水量和pH值,含水量调整为60%左右,pH值为8左右。

3.培养料装袋与接种

(1)塑料袋规格与装料量　栽培平菇应选择适当大小的

栽培袋,塑料袋大小与栽培季节有关,气温低宜用长而宽、气温高宜用窄而短的塑料袋。一般选择宽22~24厘米,长40~45厘米的塑料袋。每袋装干料0.8~1.2千克,栽培袋过大将延长栽培周期,且生物效率偏低。

(2)栽培种选择处理与接种量　严格选择栽培种,检查菌种有无杂菌,菌丝生长是否正常,有无特殊的色素分泌,不正常的要淘汰,要求菌丝生长旺盛,尤其菌龄不可过长。瓶装栽培种可用镊子从瓶中掏出;袋装栽培种,可用刀将袋划开,取出菌棒,将菌种放在清洁大盆中,用手掰成1~2厘米的小块,切不可求快用手搓碎,更不能捣碎菌种,否则将损伤菌丝,甚至使菌丝死亡。掏取菌种应在室内或室外背阴处进行,要求环境清洁、无尘,喷洒消毒药液,操作者更应搞好个人卫生,手要严格消毒,不断用75%的酒精棉球擦手。

接种量对菌丝生长及防止杂菌有重要的影响。接种量大,菌丝生长快,可抑制杂菌的发生,提高栽培的成功率,但栽培成本相应提高;接种量小,虽然可降低栽培成本,但菌丝生长慢,增加了杂菌污染的机会,有的还可能导致栽培的失败。一般菌种量为6%~10%,即每100千克料用菌种6~10千克,初次栽培者可适当加大菌种量,以保证栽培成功。

(3)装袋与接种　接种一般采用3层菌种2层料的方式,即袋的两端和中间各放一层菌种,其他为栽培料。先将塑料筒一端用塑料绳扎死或两个对角直接扎上,在袋的另一端首先装入一层菌种,再装料,边装边压实,用力要均匀,当装至袋的1/2处时,再装入一层菌种,接着再装料,装到距袋口8~10厘米时,再装一层菌种,稍压后封口。装袋时应注意以下几点:一是装袋时应不断搅拌培养料,使其含水量均匀一致,防止水分流失;二是特别注意袋内料的松紧度,装料不可过紧,否则通气不良,菌丝生长受影响,但也不可过松,否则菌丝生长疏松无力、影响产量;三是当天掰好的菌种应当天用完,不可过夜。

4. 菌丝体生长阶段管理 此阶段是决定栽培成功率和能否获得高产的关键时期,管理的重点是控制温度、保持湿度,促进菌丝的生长,严防杂菌的发生和蔓延。

(1)培养室的消毒与栽培袋的摆放 接种后的栽培袋可摆放在室内或室外培养。培养室要清理干净,四壁及地面和床架上喷洒浓石灰水或0.1%的多菌灵药液,地面上撒一层石灰粉。栽培袋可直接摆放在培养室地面上,也可摆放在室内床架上。当气温较低时如晚秋和冬季,在地面上栽培袋可南北2行并列为1排,堆高8~12层,两排间留50~60厘米的走道。每排两端垒砖柱或竹竿,防止袋堆倒塌。其他季节应单行排列,堆高4~6层。温度高时还可呈"井"字形摆放,以利于降温和通风。栽培袋也可直接摆放在室内床架上,以增加摆放量,便于控制温度和通风。接种后的栽培袋可放在室内或室外棚架培养,堆高数层。

(2)温度 培养室的温度控制在20℃~23℃,栽培袋料温控制在22℃~25℃,宜低不宜高。当料温超过25℃,特别是超过28℃时,应立即采取降温措施。室内发菌的应打开门窗和通风口,加强通风换气,也可翻堆或将栽培袋散开降低料温;室外半地下式阳畦或日光温室发菌,应覆盖草帘,同时打开通风口和门窗通风换气。冬季气温较低,培养室应设法升温和保温。若在室内发菌,应生火加温,但一定要有烟道,不可直接明火加温,有条件的可安装暖气加温;室外场地发菌的,每天上午9~10时揭开草帘升温,下午4~5时后覆盖草帘保温,以防止夜间降温。温度偏低发菌效果好,发菌成功率高,有利于提高产量。

(3)湿度 菌丝体生长阶段应保持适宜的湿度。栽培料的湿度在装袋时已调整好,此期不再调整。培养室内空气相对湿度不宜过大,一般发菌初期不超过 60%,空气相对湿度大,易发生杂菌。后期可适当增加空气相对湿度,使之达到60% ~ 70%,可避免过多地降低栽培料湿度。空气相对湿度较小时,一般不增加湿度,但当空气相对湿度过大时,应打开门窗及通风口进行通风换气,以降低湿度。

(4)空气 应保持发菌室空气新鲜,菌丝在生长过程中不断吸收氧气,放出二氧化碳和其他废气,所以培养室要定期通风换气。一般每天通风 1 ~ 3 次,每次 30 ~ 40 分钟,以补充氧气和排除二氧化碳及其他废气。通风换气还要结合温度和湿度情况进行,当温度高湿度大且栽培量大时,应加强通风换气、增加通风次数和延长通风时间。装袋时用塑料绳扎口的袋子,在菌丝向料内生长 3 ~ 5 厘米时,用刀在栽培袋两端各开 1 个 2 厘米左右的小孔,以通风换气,加速菌丝的生长。

(5)光线 培养室内光线宜弱不宜强,菌丝在弱光和黑暗条件下能正常生长,光线强不利于菌丝生长。因此,在室内发菌的门窗应挂布帘或草帘遮光;在室外棚内发菌的应覆盖草帘遮光。当需揭开草帘晒棚时,栽培袋上应盖布帘或报纸等,以避免光线直接照射栽培袋。

(6)定期翻堆和检查杂菌 菌丝生长过程中要定期翻堆,同时要检查杂菌。前期要经常翻堆,一般 2 ~ 3 天 1 次,后期7 ~ 8 天 1 次。如果料温过高可随时翻堆,翻堆时要上、下、内、外调换位置,以保持栽培袋承受压力一致和袋内温度一致,有利于菌丝均匀整齐生长。翻堆同时结合检查杂菌,一旦发现杂菌污染,应及时拣出和除治,对发生点、片杂菌污染的栽培袋,可用浓石灰水涂抹污染处,或用注射器向患处注入0.1%～0.2%的多菌灵药液等。经除治的栽培袋另放一处,在较低温度下(10℃以下)培养。如果杂菌污染严重时,应及时淘汰,经处理后可栽培草菇,也可深埋或烧掉,不可乱放。为了防止杂菌发生,特别是在高温季节,培养室内可定期向空间喷洒0.1%～0.2%的多菌灵药液,或3%的漂白粉溶液、0.2%的冰醋酸溶液等,以杀灭杂菌和害虫,降低室内杂菌基数。

(7)菌丝生长缓慢或不生长的原因　正常情况下,25～30天菌丝可长满栽培袋。如果栽培袋内菌丝未生长或生长缓慢,可能有以下原因:温度过高或过低,温度超过35℃,特别是超过38℃或低于5℃;发生大面积杂菌污染;栽培料湿度过大或过小;通风不良或不能满足其需要;栽培料压得过实;栽培料 pH 值不合适;菌种衰退或生活力弱。若发现菌丝生长缓慢,应及时找出原因,采取相应的措施解决,否则将延长栽培周期或导致栽培失败。

5. 子实体生长阶段管理　此阶段是能否获得高产的重要时期。管理的重点是控制较低的温度,保持较高的湿度,加强通风换气,促进子实体的形成与生长。

(1)子实体形成阶段的管理　栽培袋长满菌丝后叫菌袋。当菌丝长满培养料后,将菌袋及时移到出菇室或室外出菇棚重新摆放,发菌室和出菇室为同一场所时,菌袋也要重新摆放。菌袋应南北单行摆放,有出菇床架的摆放在床架上,无出菇床架的可就地摆放,堆高 10～15 层,行间留 80～100 厘米的过道,过道应对着南北两侧的通风口。栽培袋长满菌丝后,由于菌丝还未达到生理成熟,继续培养 5～7 天,一般能自然出菇,为了尽快出菇和出菇整齐可进行催菇。催菇方法如下:

①降低温度和加大昼夜温差。将出菇室温度降到15℃左右,加大昼夜温差为8℃~10℃;②增加湿度。每天向出菇室空间喷雾状水2~3次,使空气相对湿度达到80%以上;③增加光线。出菇室白天揭开部分草帘或布帘,使出菇室保持较强的散射光,一般以能正常看书看报即可。

一般催菇3~5天,菌袋的两端就可形成子实体原基(白色的菌丝团,可以分化出子实体)即出菇。这时应将袋口解开并伸直,当子实体原基分化形成幼菇时,将袋口挽起,促使原基分化,使幼菇直接裸露在空气中。每天检查1次栽培袋,进行出菇管理,一直到所有栽培袋都形成幼菇。

(2)子实体生长阶段管理　经催菇形成子实体原基后,要加强管理,严格控制环境条件,促进子实体生长。

①温度　出菇室温度控制在10℃~20℃,控制温度的方法与菌丝体阶段相同。超过20℃,子实体生长较快,菌盖变小而菌柄伸长,降低产量与品质;温度低于10℃,子实体生长缓慢,低于5℃,子实体停止生长。室内出菇的,可通过门窗及通风口的通风换气来调整温度,温度偏高时应打开门窗及通风口,温度偏低时少通风。冬季室内出菇,出菇室应有加温设施,如用煤火加温,必须要有烟道,不可明火加温,否则子实体生长将受到影响;室外出菇,可通过揭盖草帘和通风换气来控制温度。温度偏高时,在棚膜上覆盖草帘遮光,并加强通风;温度偏低时,白天应揭开草帘,让阳光晒薄膜,使棚内温度升高,夜晚覆盖草帘保温,并减少通风。如冬季短时期温度过低,也可在棚内生火加温,但一定要设有烟道。

②湿度　是子实体生长极为重要的环境条件。出菇室,空气相对湿度应控制在85%~95%,不低于80%。每天用喷雾器向出菇室空间喷水2~3次,保持地面潮湿或有1~2厘

米深的水。当子实体菌盖直径达2厘米以上时,可直接向子实体上喷水,但不可向子实体原基或幼菇蕾上喷水,否则子实体将萎缩死亡。出菇室应挂湿度计,根据湿度变化进行喷水管理。

③空气 子实体生长期间要加强通风换气。子实体生长需要大量的新鲜空气,每天要打开门窗和通风口通风3次,每次30~40分钟,温度较高或栽培量较大时应增加通风次数和延长通风时间,以保证供给足够的氧气和排除过多的二氧化碳。氧气不足和二氧化碳积累过多,将出现子实体畸形,表现为菌柄细长、菌盖小或形成菌柄粗大的大肚菇,严重影响产量和质量。

④光线 子实体的生长需要一定的散射光,一般出菇室内光线掌握在能够正常看书看报即可。室内出菇要有门窗,保持室内有一定光线;室外出菇的白天应揭开下部草帘透光。子实体生长期间应尽量创造适宜的环境条件,满足其对温度、湿度、空气和光线的要求,才能获得高产。四个环境条件相互联系又相互制约,调整某一个条件时,要兼顾其他条件,绝不可顾此失彼。

(3)子实体常见畸形与形成原因 在子实体形成与生长期间,由于管理不当,环境条件不适宜,子实体不能正常生长或出现畸形。常见的有以下几种:①子实体原基分化不好,形似菜花状。形成原因主要是出菇室通气不良,二氧化碳浓度过大或农药中毒;②子实体菌盖小而皱缩,菌柄长且坚硬。形成原因主要是温度高、湿度小、通气不良;③幼菇菌柄细长,且菌盖小。形成原因主要是通风不良和光线弱;④子实体长成菌柄粗大的大肚菇。形成原因主要是温度高、通风不良和光线不足;⑤幼菇萎缩枯死。形成原因主要是通风不良、湿度过大或过小；⑥菌盖表面长有瘤状物且菌盖僵硬，菇体生长缓慢。形成原因主要是温度低、通风不良和光线不足；⑦菌盖呈蓝色。形成原因主要是由于炉火加温时产生的一氧化碳等有害气体的对菇体的伤害。

总之，当发现子实体异常时，应准确的找出原因，及时采取有效措施，尽量减少损失，一般当条件改善后还能恢复正常生长。

(4)采收及采后管理　在适宜的条件下，由子实体原基长成子实体需 7~10 天。当菌盖充分展开，菌盖颜色由深转浅，下凹部分开始出现白色绒毛，且未散发孢子时及时采收。采收时无论大小 1 次采完，两手捏住子实体拧下，或用小刀割下，不可拔取，否则会带下培养料。平菇 1 次栽培可采收 4~5 潮菇，每次采收后，都要清除料面老化菌丝和幼菇、死菇，再将袋口合拢，避免栽培袋过多失水。经管理 7~10 天后可出下潮菇。如果菌袋失水过多，可进行补水。

(5)出菇后期增产措施

①补水　一般前两潮菇可自然出菇，无需补水，但三潮菇后，往往由于培养料湿度过小不能自然出菇，可给菌袋补水。将菌袋浸入水中浸泡 12~24 小时，浸水前用粗铁丝或木棍将菌袋中央打 1 个洞，可使水尽快进入菌袋内。浸好的菌袋捞出甩去多余的水分，重新摆放整齐。也可用补水枪补水，还可以在喷雾器胶管前端安装 1 个带针头的铁管，将针头从菌袋两端料面插入补水。经补水后的菌袋仍按子实体阶段管理，经 7~10 天就可重新形成子实体原基。

②补肥　采收两潮菇后，栽培料内消耗营养较多，为了提高后几潮菇的产量，可补肥，以促进再出菇和提高产量。补肥方法有以下几种：煮菇水，销售外贸的菇体煮水或其他加工菇

体的煮水,冷却后稀释 10 倍使用,煮菇水营养丰富,效果好;蔗糖 1%,尿素 0.3%～0.5%,水 98.5%～98.7%;蔗糖 1%,尿素 0.3%～0.5%,磷酸二氢钾 0.1%,硫酸镁 0.05%,硫酸锌 0.04%,硼酸 0.05%,水 98.26%～98.46%。实施补肥时,可将其配制成营养液,结合菌袋补水进行浸袋,也可将补肥直接喷在菌袋两端料面上,可不同程度地增加产量。

③出菇室内墙式覆土出菇法　将出过两潮菇的菌袋脱去塑料袋,使其成裸露的菌棒,将菌棒单行摆放,彼此间留 2～3厘米空隙,按一层菌棒一层泥的方法垒成菌墙,墙高约为 1.5米,摆放 10～12 层。菌垛两端可用长木棒削尖钉入地下,挡住菌棒以防滚动。菌垛最上层可用泥砌出 1 个水槽状的池子,用来加水和营养液。这样,菌棒可长期处于较潮湿的环境中,及时补充水分。这种方法可使后期菌袋生物转化率达到或高出前两潮菇的水平。砌池或垒菌墙所用泥的制作方法:菜田土 50 千克、麦秸或稻草(铡成 5～10 厘米的小段)2.5 千克、白灰 1.5 千克,混合后用水和成泥。

室内墙式出菇法应特别注意垛内温度,外界气温较高时,每天都要检查温度,垛内温度不宜超过 20℃～25℃,否则应采取措施降温。其他管理方法与普通袋栽相同。

④室外阳畦覆土栽培　冬季栽培出完两潮菇后,也可在早春进行室外阳畦覆土栽培。在背风向阳处做畦,畦长 5～6米,宽 0.8～1 米,深 15 厘米。畦床做好后,向畦内喷 500 倍敌百虫药液,然后在阳畦内撒石灰粉。将出过两潮菇的菌袋脱去塑料膜,平放于畦内,间隔 2～3 厘米,有序摆好,用细的菜园田土将菌棒间隙填满,菌棒上再覆 2～3 厘米的土层,向畦内注清水,水量要大,待水渗下后,再覆一层土,用喷壶将表土淋湿。在畦床上用竹片建起拱形架、覆盖塑料膜和草帘。按

子实体生长阶段管理,经过 10~15 天可形成子实体原基。其他管理同普通袋栽法。

思考题
1. 平菇生料栽培过程中如何减少杂菌污染?
2. 平菇栽培过程中防止畸形菇应注意的问题有哪些?
3. 平菇后期增产措施有哪些?

第三章　金针菇栽培

一、概　述

(一)形态特征

金针菇是一种朵型较小的伞菌,由菌丝体和子实体组成。子实体是供人们食用的部分,由菌柄和菌盖组成,菌盖较小,幼小时球形至半球形,逐渐开展至平,鲜时具粘性。菌柄细长,可达 10 厘米以上,生长后期菌柄变中空。金针菇有黄色和白色两种类型。

(二)生长发育条件

金针菇生长发育分菌丝体生长阶段和子实体生长阶段。生长发育需要一定的营养、温度、湿度、空气、光线和酸碱度,这些条件对金针菇的产量和品质都有很大的影响。金针菇与其他的食用菌种类不同,自然条件下生长的子实体不符合商品要求,只有按着它的生长规律,在栽培技术上加以控制,才能生产出符合商品要求的金针菇,取得较好的经济效益。

1. **营养**　营养是金针菇栽培的物质基础,也是金针菇获得高产的关键条件之一。金针菇是木腐菌,但分解吸收木材内营养的能力较弱,所以利用木屑栽培时,木屑越旧越好,或经过发酵后再用。实践证明,棉籽壳是栽培金针菇较好的营养料,玉米芯等其他农作物秸秆也可栽培金针菇,但需加入一定量的辅料(如米糠、麸皮、饼粉等),才能获得满意的产量。

2. **温度**　金针菇属低温型菇类,耐寒性强,菌丝生长的温度范围是 4℃～32℃,适宜的温度是 22℃～25℃;4℃以下菌丝生长极为缓慢,28℃以上菌丝生长受阻,32℃以上菌丝停止生长,且短时间内菌丝即可死亡。子实体形成与生长的温度范围是 5℃～18℃,适温为 8℃～12℃,低于 8℃子实体生长缓慢,高于 18℃子实体很难形成。近几年选育出的耐高温的金针菇新品种,在 22℃～25℃仍能出菇。总之,金针菇适合低温出菇条件,在较低温度下出菇早,菌柄长,产量高。

3. 湿度　金针菇菌丝体生长阶段要求培养料的含水量为 60% 左右,空气相对湿度 60%～70%。培养料含水过多过少均会影响菌丝生长,水分过多会造成通气不良,菌丝生长受到抑制,甚至停止生长和发生杂菌。子实体生长阶段,培养料湿度要求 60%～65%,湿度低于 45%子实体难以形成,超过75%子实体颈部腐烂;空气相对湿度 80%～90%为宜,空气相对湿度过大容易造成烂菇。

4. 空气　金针菇是好气性菌类,在菌丝体生长阶段,必须保证有足够的新鲜空气,使菌丝健壮生长,如果二氧化碳浓度过高,菌丝往往变成灰白色,生活力下降;而在子实体生长阶段,二氧化碳的浓度是决定菌盖大小与菌柄长短的主要因素,二氧化碳浓度小,菌盖发育快,当二氧化碳浓度增加到一定程度时,菌盖生长会受到抑制,可促使菌柄伸长,使子实体总产量增加。金针菇主要食用部分为菌柄,因此菌柄(一般要达到 10 厘米以上)较长菌盖较小的子实体为优质子实体。在子实体生长阶段,出菇室应控制通风换气从而积累一定浓度的二氧化碳,促使菌柄伸长,抑制菌盖的发育,才能生产出优质的子实体。

5. 光线　金针菇菌丝在黑暗条件下能正常生长,但弱光下生长健壮,因此在发菌阶段培养室应保持较弱的散射光线。

金针菇子实体在黑暗条件下也可形成和生长,但生长缓慢,菇体弱小。光线能促进子实体形成、生长和成熟,但光线强,易形成菌柄短粗、菌盖易开伞、色泽深、绒毛多的劣质金针菇。微弱的散射光条件下,菌柄细长,子实体颜色呈黄白色或乳白色,同时还可以抑制绒毛的发生和色素的形成。因此,子实体生长阶段应采取遮光措施,保持微弱的散射光,从而尽量促进菌柄生长和保持子实体色浅鲜嫩,达到优质高产的目的。

6. 酸碱度　金针菇喜偏酸性,菌丝在 pH 值为 3~8 范围内均可生长,适宜的 pH 值为 6 左右,过酸过碱均不利于菌丝生长。一般使用天然培养料栽培时,无须调整 pH 值。

二、金针菇栽培技术

金针菇可采用瓶栽、袋栽的方法,但目前主要采用塑料袋栽培方法,由于它生产成本低,管理方便,可用立体式栽培,经济效益大,深受广大菇农欢迎。这里只介绍塑料袋栽培金针菇的技术要点:

(一)栽培季节与场地

栽培时间的选择。金针菇属低温性菌类,子实体的形成与生长要求较低的温度条件。华北地区一般在秋末冬初至早春栽培。具体安排如下:8 月上中旬制母种,8 月中下旬制原种,9 月中下旬接种栽培袋。如果制栽培种,母种和原种的制种时间还要相应提前 25 天左右。开始制种以后,可随时制种和栽培,最后一批接种栽培应在 11 月底结束。出菇期在 11 月至翌年的 3 月底。地下栽培为 9 月至翌年 4 月。夏季利用地下室,防空设施或冷库均可栽培,经济效益也较好。但室内气温不高于 15℃(13℃更好),通风好的可周年栽培,高于

18℃的应用高温品种,也可周年栽培。

金针菇的栽培场地多种多样,既可利用栽培平菇的菇房,还可用现有的闲散房屋在适温季节栽培。此外,还可利用各种日光温室、地下室、防空设施或冷库进行栽培等。冬季亦可以利用室外半地下式阳畦和栽培蔬菜的日光温室内栽培。实践证明,北方地区利用地沟栽培效果较好。地沟的搭建方法:选择地势高燥、向阳且靠近水源的地方,为管理方便可搭建在庭院内,一般地沟长 10 ~ 15 米,宽 4 米,深 2 米。建造时先挖土坑,将挖出来的土存放在地沟四周,压实成沟壁的地上部分,地上和地下部分沟壁总高为 2 米,东西两头设门,地上部分南北沟壁每隔 2 ~ 3 米应有 1 个通风口,每个通风口高 40 厘米,宽 30 厘米。地沟上横架竹竿或木棍呈弓形,用铁丝固定竖梁做成拱架,然后覆盖塑料薄膜和草帘或玉米秸遮光。地沟与地沟间应有 2 米的距离,每个地沟的四周都设有排水沟。为了充分的利用地沟的空间,可在地沟中设置床架,床架与地沟四周壁的距离为 60 厘米,床架间距离为 70 ~ 80 厘米,床架宽 40 厘米,高 180 厘米,长度视地沟的长度而定,每隔 80 ~ 100 厘米用砖垛固定,用竹竿铺设 4 ~ 5 层,每层高 40 ~ 45 厘米,每层可堆放 4 层栽培袋,也可以在垂直地沟长的方向搭数排床架,地沟的一侧留 60 厘米的人行道,床架间的距离为 70 ~ 80 厘米。这种地沟建造容易,保温保湿性能好,管理方便,冬季不用生火加温,是一种较好的栽培场地。

(二)品种选择

金针菇品种有黄色种和白色种两大类。黄色金针菇子实体呈金黄色,菌丝生长健壮,出菇早,产量高,但菌柄基部色深甚至褐色,适合内销。如金杂 19 号、苏金 6 号、三明 1 号等;白色金针菇子实体纯白色,菌柄长,菌柄绒毛少或无绒毛,高产优质,适合出口。如 FV093、FV02、中野 JA、8909、日本白等。栽培时应根据品种特性和栽培需要选择适销对路的品种,以达到高产与高效的目的。

(三)栽培料的选择与配制

栽培金针菇的原料很广,除了传统栽培用的锯木屑以外,棉籽皮、废棉、玉米芯、稻草粉、豆秸、甘蔗渣等均可栽培,但需加入一定量的辅料,如麸皮、米糠、豆粉、玉米粉、糖、石膏粉等。目前北方地区主要利用棉籽壳、玉米芯、豆秸等栽培金针菇。

培养料的配制。根据当地的资源条件和自己的实际情况选择培养料,栽培料应新鲜、干燥、未发霉变质。主料先在晴天太阳光下暴晒 2～3 天,然后按配方比例称料,先将按配方称好的各种物质,蔗糖、石膏粉、尿素、过磷酸钙等含量较少的物质溶于水中,按料水比 1:1.5 左右加水拌料,充分搅拌均匀,使培养料含量达到 60% 左右,即 1 千克干料加水 1.5 千克。pH 值调到 6～7,如果栽培料酸性大,可加入石灰粉调节;碱性大的话,可用 3% 的盐酸调节。如果用麦秸或稻草作栽培料,应先将麦秸或稻草铡成 1～2 厘米的小段,用 pH 值 8～9 的石灰水浸泡 24 小时,捞出后用清水冲至 pH 值 6～7,沥干后备用。搅拌时,要使栽培料含水量准确,防止水分流失,要充分拌匀,pH 值适宜。可用铁锨在水泥地面上拌料,也可用食用菌专用的搅拌机拌料。栽培料拌好后,堆闷 1～2 小时,使栽培料充分吸水。

松木屑应用 5% 石灰水澄清浸泡 18～20 小时,以清水冲淋至中性,沥干备用。松锯木屑愈陈旧愈好,其他培养料愈新鲜愈好,都应选择新鲜、无霉烂变质的培养料。陈旧木屑,可把木屑薄铺于地面,用水喷湿。把木屑加水拌湿,堆积发酵,

翻堆1次,数日后即可使用。在棉籽壳和木屑配方中加不超过20%碎稻草和废棉,保水性好,产量高。常用的配方如下:

配方一　棉籽壳88%、麸皮10%、蔗糖1%、石膏粉1%。

配方二　棉籽壳95%、玉米粉3%、蔗糖1%、石膏粉1%。

配方三　玉米芯(粉碎成黄豆粒大小)75%、麸皮20%、豆粉3%、石膏粉1%、过磷酸钙1%。

配方四　豆秸粉或稻草粉75%、麸皮20%、玉米面或豆粉3%、石膏粉1%、过磷酸钙1%。

配方五　棉籽壳90%、玉米面10%;另外添加石膏1%、磷酸二氢钾0.01%、硫酸镁0.01%。

配方六　棉籽壳78%、麸皮20%、石膏粉1%、蔗糖1%。

配方七　玉米芯轴(粉碎后使用)80%、麸皮7%、饼粉4%、粗玉米粉5%、过磷酸钙1%、草木灰1.5%、石膏粉1%、尿素0.5%。

配方八　阔叶树木屑78%、麸皮20%、石膏粉1%、蔗糖1%。

无论选用哪种配方,在配制培养料时,都应选择新鲜,无霉烂变质的培养料,按配方称取各物质,按料水比1:1.3～1.5加水拌料,蔗糖、石膏粉、过磷酸钙应先溶于水中再拌料,充分搅拌均匀。

(四)装袋、灭菌与接种

1. 装袋　目前,栽培金针菇的塑料筒有两种:宽17厘米的聚丙烯塑料筒和宽17厘米的低压高密度聚乙烯塑料筒。前者耐高温高压,适合高压灭菌;后者不耐高温高压,适合常压灭菌。应根据灭菌的需要购买塑料筒,常用的塑料筒规格为17厘米×32厘米或17厘米×40厘米。

根据灭菌的方式选用不同的塑料袋,装袋时先将塑料筒一端用塑料绳扎紧,从另一端装入培养料,边装边压实,用力要均匀,使袋壁光滑而无空隙。对于17厘米×32厘米规格的塑料袋,装料至15厘米左右,约合干料300~350克;对于17厘米×40厘米两头开口的塑料筒,装料至25厘米左右,约合干料500克左右。装好培养料后,将料面整平,在料中央用直径2厘米的木棍打孔直至底部,然后用塑料绳把袋口扎紧,两端各留10厘米,以便出菇时撑开供子实体生长。绑口时要将袋内的空气排出,防止袋内空气过多灭菌过程中压力温度上升时出现胀袋现象。绳要扎紧,防止灭菌时袋口敞开。

2. 灭菌 装好的袋子应及时灭菌,以杀死培养料内的各种微生物,并促进培养料转化,以利于菌丝生长。装好的料袋最好不要过夜,尤其在气温高的季节,应当天灭菌,否则培养料将发酵变酸。灭菌可采用高压灭菌和常压灭菌。

(1)高压灭菌 用高压灭菌锅灭菌,适用于耐高温、耐高压的聚丙烯塑料筒。锅内加入足够的水,将料袋整齐的排列在锅内,分层立放,也可以袋与袋之间呈“井”字形横放,以便于锅内蒸汽流通,提高灭菌效果。盖上锅盖,对角拧紧锅盖上的螺丝,勿使漏气。用电炉、煤火或柴火加热,当压力达到0.05兆帕时,打开放气阀(或开始就打开放气阀),排空锅内冷空气,放气10分钟左右,再关闭放气阀继续加热,当压力升到0.15兆帕时,调整火力使压力维持在0.14~0.15兆帕灭菌1.5~2小时,则可达到彻底灭菌的目的。灭菌期间应尽量避免放气阀或安全阀放气,可通过调整火源来维持灭菌压力,使压力保持恒定,否则锅内料袋容易出现胀袋或破裂现象。灭菌完毕,关闭热源,待压力自然降到0时,打开放气阀将锅内空气排尽后,再打开锅盖取出料袋。

(2)常压灭菌　用常压灭菌锅灭菌。耐高温、耐高压的聚丙烯塑料筒和低压高密度聚乙烯袋均可进行常压灭菌。将锅内加满水,再将栽培料袋摆放在常压灭菌锅蒸汽室的铁算上或木算上,可立放也可卧放,每层算间应留有空隙,料袋与料袋之间也要留有空隙,以便蒸汽流通,提高灭菌效果。装入料袋后,将锅门封严,立即点火加热;开始火力要猛,开锅后即蒸汽达到100℃以上或温度不再上升时,开始计时并继续烧火,维持8~10个小时,之后封火再焖3~5个小时。待锅内温度自然下降后再打开锅门,移入接种室或无菌室,当温度下降到室温时开始接种。

常压灭菌应注意以下几点:第一,常压灭菌火力要猛,要用吹风机吹风,使蒸汽室温度保持在100℃以上;第二,灭菌时要不断向锅内加水,绝不能烧干锅;第三,锅门要封严,避免过多漏气;第四,装量要适当,不能太满,应为蒸汽室容量的4/5,袋与袋之间排放应留有1厘米左右的缝隙。

3.接种　接种即将菌种移入已经灭菌的料袋,接种要求无菌操作,应在接种箱或无菌室内进行。灭菌后的料袋温度降至室温后即可接种。

(1)接种箱的消毒灭菌　先将接种箱打扫干净,再将灭过菌的料袋以及接种用的一切用具(包括铁制或木制的三角架或空罐头瓶、火柴、大号镊子、酒精灯、75%的酒精棉球等)放入接种箱内,如果将菌丝放到接种箱内,菌种瓶或袋要重新扎紧,以防在气雾消毒的过程中菌丝受伤,也可以在接种的时候再把菌种带放入接种箱。料袋及接种用品进箱后,用甲醛和高锰酸钾消毒1~1.5小时。药品用量为每立方米10毫升甲醛、5克高锰酸钾,先将甲醛和高锰酸钾按照用量称好,把甲醛先放入接种箱内的一空瓶中,再倒入高锰酸钾,立即关闭接种箱,30～40分钟即可达到灭菌目的。由于甲醛具有强烈的刺激性气味,对人体有害,所以最好灭菌后1～1.5小时后再接种。必要时接种时可以戴上防毒面具。其它的还可以用菇保或克霉灵(气雾消毒剂),其用量为每立方米1袋,用火柴点燃后,立即关闭接种箱,30～40分钟后即可达到灭菌目的,方可接种。

(2)接种方法　接种人员先用75%的酒精棉球全面擦净双手。如果菌种此时带进接种箱的话,也应先用75%的酒精棉球全面擦拭菌种瓶外壁进行消毒,再带入接种箱内。接种时将菌种瓶放在三角架上或空罐头瓶上,点燃酒精灯,打开菌种瓶,用酒精灯火焰在菌种瓶口下方封住瓶口,用酒精棉球擦拭接种用具,用经过火焰灭菌的大镊子剔除菌种瓶表面的老化菌种,将菌种夹碎成花生米大小,再将料袋放置于酒精灯火焰附近,打开料袋口,将菌种用大镊子扒入料袋内,使菌种块平铺于料袋表面,然后重新用塑料绳绑上袋口,此时袋口不要绑太紧,以利于通气从而有助于菌丝生长,但也不能太松,减少杂菌的进入。如此重复直至接完为止。每瓶菌种接栽培袋10～15袋,接种量一般在3%～5%左右。接种量要适宜,接种量如果过多的话,容易造成早出菇,从而抑制菌丝生长和形成子实体;接种量如果过小,发菌速度缓慢,影响出菇时间,而且易造成料袋污染。在接种时两人合作效果最佳,1人解开袋口,然后待另1人接种后重新绑上袋口,另1人只负责接种即可,这样既可以提高接种的速度又可以保证接种的质量。

(3)接种注意事项　要选择优质菌种,菌龄过长或有杂菌污染的菌种绝对不能使用。接种人员要树立严格的无菌操作意识,严格按照无菌操作要求接种。接种时要迅速快捷,尽量缩短菌种、料袋暴露于空间的时间,以减少杂菌污染的机会。

还可在电炉和蒸汽接种器上接种。在电炉接种器上接种时,取 800~1000 瓦电炉,用薄铁皮做一内径 30~50 厘米、高 40 厘米的圆筒,罩在电炉外,打开电炉,在圆筒上方进行接种操作,两人合作较好;在蒸汽接种器上接种时,将料袋和菌种瓶口放在的蒸汽中,两人合作接种。这两种方法污染机会较大,接种时应特别注意,如果初次栽培和接种,最好使用接种箱进行接种,以确保接种成功率。

(五)菌丝体生长阶段管理

1. **培养室的消毒和栽培袋的堆放** 接种后的栽培袋应放在适宜生长的环境下培养,无论是在室内发菌还是在室外发菌,培养室必须严格消毒,大多在使用前 3 天进行消毒。

培养室地面和床架及四壁用 5% 的石炭酸溶液喷雾消毒;福尔马林和高锰酸钾混合熏蒸消毒,药品用量按每立方米 10 毫升福尔马林、5 克高锰酸钾,或用 2% 甲醛溶液喷雾消毒;硫黄熏蒸消毒,每立方米空间用硫黄 12~15 克。为提高硫黄的消毒效果,先在培养室内喷雾状水,再点燃硫黄,密闭 24 个小时。也可以用其他消毒剂熏蒸消毒,无论用那种方法消毒,用药后密封 24 小时后,要打开门窗和通风口,通风换气 2 天待气体散尽后,方可将接完种的栽培袋移入培养室。将栽培袋摆放在培养室床架上或地面上,温度较高时可摆放 3~4 层;温度较低时可摆放 5~8 层。保证通风换气,防止出现过高温度。

2. **温度控制** 菌丝体生长阶段保持适宜的温度非常重要,培养室气温应保持在 18℃~20℃,料温不超过 25℃,特别是在秋季栽培,要严防出现高温。冬季培养应设法提高培养室的温度,室内发菌应有加温措施,如生煤火加温,但一定要有烟道,因为煤燃烧后产生的废气对金针菇菌丝有伤害;室外半地下阳畦或地沟发菌,应通过揭盖草帘和通风换气来控制温度。温度较低时,揭开草帘晒薄膜来升温;温度较高时盖草帘来遮阳,避免温度继续上升,如果温度还降不下来,可打开通风口通风换气,夜间或阴天时覆盖草帘保温。

3. **控制湿度**　培养室应保持适宜的湿度,空气相对湿度应控制在 60%左右为宜,湿度宜小不宜大,当空气相对湿度超过 70%时,应打开门窗或通风口通风换气来降低室内湿度。否则,空气湿度过大不利于菌丝生长,而且会增加杂菌污染的机会。

4. **通风换气**　发菌阶段要适当通风,以满足菌丝生长对氧气的需求,菌丝生长期间一般每天应通风换气 1 次,每次 30~40 分钟,秋季气温高时应加强通风,气温低时少通风。通风可使培养室内温度降低,要严格掌握温度,不可使温度降得太低,但也不能为了保温而忽视通风。发菌开始通风量应该小一些,随着菌丝体生长量的增加,应适当加强通风换气。

5. **控制光线**　发菌期间应尽量保持发菌室内较暗的环境,应该挂布帘或室外覆盖草帘遮光;室外发菌揭开草帘晒薄膜时栽培袋上应该盖布帘或报纸,避免光线较强。光线太强,影响菌丝生长和过早地形成子实体原基,从而影响产量。

6. **定期翻堆及检查杂菌**　定期翻堆可使发菌一致,出菇整齐。在菌丝体生长阶段要定期翻堆及检查杂菌,一般每7~10天翻堆 1 次。还要根据温度、湿度及通风情况来及时翻堆,如果遇到高温,应及时通风降温和翻堆降温。翻堆时将栽培袋上下、内外调换位置,同时检查杂菌污染情况,如有污染应及时拣出,另放它处低温发菌,如污染严重应及时淘汰,但不可乱扔乱放,以防污染环境。

(六)子实体生长阶段管理

在适宜条件下,经过 30～40 天白色菌丝就可长满整个栽培料袋,即可转入子实体阶段管理。此期是决定产量和质量的关键时期,要精心管理,严格控制环境条件,促进子实体的形成和生长。

1. 栽培袋的摆放与催菇 菌丝长满培养料后将栽培袋移到出菇室的床架上或地面上,重新摆放,如果发菌室和出菇室在同一场地,不必重新摆放。菌丝长满培养料后,长满菌丝的栽培袋一般能自然出菇,但出菇不整齐,子实体原基形成得少,影响产量和质量。应及时催菇,促使子实体的形成。因此,必须创造适宜的条件催菇。催菇方法如下:

(1)搔菌 将菌袋两端袋口打开,把菌袋两端表面的一层菌膜和菌种块去掉。可用大号镊子也可用铁丝做成小手耙搔菌。镊子或小手耙使用前应在酒精灯火焰上消毒灭菌,以防杂菌污染。

(2)降温 降温是催菇的重要手段之一,出菇室的温度应降到 10℃～12℃,超过 13℃,特别是超过 15℃,培养料表面就会出现大量的白色气生菌丝,影响子实体原基形成,但只要降至合适温度,原基就会穿过气生菌丝而长出来。

(3)增湿 催菇阶段出菇室空气相对湿度保持在 80%～90%,每天向出菇室空间、地面和四壁喷雾状水 2～3 次,以保证出菇室的湿度。催菇 3～5 天,培养料表面就会出现琥珀色(或淡黄色)水珠,这是子实体原基形成的前兆,不久在培养料表面上就会整齐地出现米黄色(或乳白色)的子实体原基(或叫菇蕾),一般经 5～7 天即可出菇。

2. 控制环境条件促进子实体生长 经过催菇,子实体原基形成后,要严格控温保湿,调整光线,控制通风换气,使子实体迅速生长,形成色白、质嫩、菌柄长、产量高的优质商品菇。

(1)控制温度 出菇室温度应控制在 8℃～15℃,最好控制在 10℃～12℃。室内出菇的温度,主要通过加温或通风换气来控制。温度高时,加强通风,温度低时少通风。冬季出菇必须有加温措施,但不能用明火加温;室外出菇的,通过揭盖草帘和通风换气控制温度,当温度达到 13℃～15℃时,应覆盖草帘遮光,防止温度继续上升,如果还不能降温,应打开通风口通风降温。当温度低于 8℃时,应揭开草帘晒薄膜升温。冬季栽培,夜间应覆盖草帘保温。出菇后温度应保持在8℃～15℃,最好 8℃～12℃。

(2)保持湿度 子实体生长期间,应保持出菇室有较高的空气相对湿度,一般为 80%～90%,不能低于 70% 或高于95%。为了保湿,每天向出菇室空间、四壁及地面喷雾状水 3次,早、中、晚各 1 次。切勿向袋口菇体上直接喷水,否则子实体颜色变深,菇盖发粘而腐烂。温度较高时,更要注意湿度不可过大,否则湿度过大会造成烂菇。

(3)控制光线 弱光或阴暗条件是提高金针菇品质的重要措施之一。出菇室应保持较弱的光线,室内出菇的应在门口、窗口和通风口挂布帘或草帘,保持出菇室阴暗条件;室外地沟等场地出菇的必须遮光,但在子实体形成时期,应有弱光的诱导,可在出菇室顶部每隔 2 米处,扒开 30 厘米大小的透光区。微弱的光线不但能促进子实体形成,也可使菌柄朝光的方向快速生长,使子实体整齐而不散乱。

(4)调节通风 子实体生长需要较多的氧气,出菇室应适当通风。但二氧化碳浓度过低不利于菌柄伸长,菌盖易开伞。因此,又必须控制出菇室通风换气,以积累一定浓度的二氧化碳,有利于菌柄伸长和抑制菌盖开伞。子实体形成时期应加强通风,以促进原基形成,使原基形成量多而整齐,二氧化碳浓度过高又影响子实体发育,使子实体细小,生长缓慢,严重影响产量。因此,应根据栽培量和出菇场地大小及子实体生长期减少通风。

3. 子实体常见畸形及形成的原因

第一,子实体纤细,顶部细尖,中下部稍粗,形似针头。主要原因是出菇室通风不良,二氧化碳浓度过高。如果继续缺氧,这种菇会逐渐停止生长,甚至死亡。

第二,子实体上又长出若干个小子实体且较小。菇体组织受伤或染病以及高温所致。

第三,子实体个体多,软而不挺直,东倒西歪。主要原因是温度偏高、通风不良、严重缺氧或菇体染病。

第四,子实体菌柄弯曲或扭曲。由于菇房内光照方向多变或子实体个体过多,幼菇弱小、发育不良而致。

第五,子实体过早开伞,失去商品价值。形成的原因很多,如温度、湿度、通风、光线管理不当和出现病虫害都可能导致子实体过早开伞。

第六,子实体发粘腐烂。空气相对湿度过大,或子实体上存有积水所致。

当出现上述子实体畸形时,应根据发生的原因,调整环境条件和改善管理,避免造成更大的损失。

(七)采收及采后管理

1. 采收 适时采收是获得优质高产的关键。采收过早,幼菇还未完全伸长,影响产量;采收过迟,菇体老化且菌盖开伞,虽可增加产量,但品质差或失去商品价值。一般当菌柄达10厘米以上,菌盖呈半球形,菇体鲜度好时采收较为适宜。采收时,一手按住栽培袋口,一手轻轻抓住子实体拔下,去掉菌柄基部所带的培养料,轻轻放入小筐或其他容器内,不要堆放过多,以防压碎菇体。刚采收的金针菇应放在温度较低和光线较暗的地方存放,防止继续生长导致菌柄弯曲,影响质量。

2.采收后,应清理料面,去掉死菇和杂质 采收后应及时清理料面,去掉死菇和杂质,接着按菌丝体生长阶段管理,菌丝恢复生长后即可催菇。如果培养料失水过多,可用水浸袋,待菌袋吸足水后捞出,沥去多余水分;如果培养料失水不多,可在料面上连续喷水,直到子实体原基形成。一般菌丝恢复生长 7~10 天可出下潮菇。子实体原基形成后按子实体生长阶段管理。金针菇一般可采收 2~3 潮菇。

3.补肥 金针菇出 1~2 潮菇后,培养料内营养大量消耗,为了提高产量,可结合补水补肥,以补充营养。补肥有以下几种:0.1%~0.2%的蔗糖水,恩肥稀释 500~1 000 倍;各种食用菌增产剂,如增菇灵、菇宝、菇壮素等。施用补肥时,可直接喷在菌袋料面上,也可注入菌袋内,或用肥水浸袋,可不同程度地提高产量。

(八)分级加工

1.分级 根据子实体菌柄长度和菌盖大小及新鲜程度,一般将金针菇分为 4 级。

(1)一级菇 菌盖未开伞,直径 1.3 厘米以下,菌柄长 14~15 厘米,菇体洁白(白色种)或黄白色(黄色种),新鲜度好,无腐烂变质现象。

(2)二级菇 菌盖未开伞,直径 1.5 厘米以下,菌柄长度小于 13 厘米,鲜度好,无腐烂变质现象。

(3)三级菇 菌盖开展,直径在 2.5 厘米以下,菌柄长度小于 11 厘米,菌柄下部呈茶色至褐色(黄色种),鲜度好,无腐烂变质现象。

(4)等外品 不属于一、二、三级的菇。

2.加工 金针菇可鲜销,也可制作出罐头,盐渍和干制。盐渍菇按收购单位具体要求加工。干制时,可将菇体烘干或自然干燥,密封保存。

思考题

1.金针菇在接种过程中应注意哪些问题?

2.金针菇栽培管理特点是什么?

3.金针菇催菇措施有哪些?

4.造成金针菇畸形原因有哪些?

第四章 香菇栽培

一、概 述

(一)形态特征

香菇由菌丝体和子实体组成。菌丝白色,绒毛状,具横隔和分枝,多锁状联合,成熟后扭结成网状,老化后形成褐色菌膜;子实体是供人们食用的部分,由菌柄和菌盖组成。菌盖表面茶褐色或暗褐色,直径 5~12 厘米,幼小时呈半球形,边缘内卷,成熟后渐平展,深褐色至深肉桂色,常有深色鳞片。菌柄中生至偏生,白色,内实,常弯曲,长 3~8 厘米,粗 0.5~1.5厘米,菌柄中部着生菌环,窄,易破碎消失;菌环以下有纤维状白色鳞片。

(二)生育条件

香菇生长发育包括菌丝体生长阶段(又叫发菌阶段或发菌期)和子实体生长阶段(又叫出菇阶段或出菇期)。从接种栽培至出菇前时期为菌丝体生长阶段,出菇后叫子实体生长阶段。香菇生长发育需要适宜的营养、温度、湿度、空气、光线和酸碱度。

1. 营养要求 营养是香菇生长的物质基础。实践证明,栽培香菇的培养料来源广,如棉籽壳、玉米芯、麦秸、稻草、甘蔗渣等均可作为培养料,华北地区的广大农户也可充分利用栽种面积广大的悬铃木的落叶作为可靠的培养基原料。但不同的培养料,香菇产量会有很大区别。在这些培养料中添加一些辅料,可促进菌丝生长,提高子实体产量。

2. **温度要求**　温度是香菇生长的重要条件之一。菌丝生长的温度范围是5℃～34℃,以22℃～26℃较适宜,25℃最适宜,35℃停止生长,38℃以上死亡;子实体生长的温度范围是5℃～20℃,适宜温度为12℃～18℃,15℃为最适宜。

香菇的出菇温度一般分为三大类型,低温品种(5℃～15℃),中温品种(10℃～20℃),高温品种(15℃～25℃)。这只是一种粗略的划分而已,现已培育出更高温型的香菇菌株,在自然条件下,可周年栽培香菇。

香菇原基分化成幼菇后,如在较高温度下,子实体生长迅速,很快开伞,菌肉薄,柄长,易得品质较差的薄菇;低温下,香菇生长缓慢,菌盖肥厚,菌柄粗短,质地致密,易得优质厚菇。尤其在低温环境中,进行干湿、冷暖交替等刺激,香菇菌盖容易形成龟裂,易得花菇。

3. **水分要求**　水分是香菇生命活动的首要条件,香菇所需的水分包括两方面,一是培养基内的含水量,二是空气湿度,其适宜量因代料栽培与段木栽培方式的不同而有所区别。

(1)**代料栽培**　长菌丝阶段培养料含水量为50%～60%,空气相对湿度为60%～70%;出菇阶段培养料含水量为45%～68%,空气相对湿度为85%～95%。

(2)**段木栽培**　长菌丝阶段菇木含水量为45%～50%〔菇木水分含量(%)=(湿重－绝对干重)/湿重×100%〕,空气相对湿度为60%～70%;出菇阶段培养料含水量为55%～60%,空气相对湿度85%～90%。

4. **空气要求**　香菇属好气性菌类,在整个生育过程中不断进行呼吸,排除二氧化碳,吸收大量的氧气,在菌丝体生长阶段比子实体生长阶段需要的氧气要少,但如严重缺氧,生长受阻,菌丝易老化;子实体生长阶段缺氧,子实体无法形成和分化,或子实体畸形,并可引起杂菌和病虫危害。新鲜的空气是保证香菇正常生长发育的必要条件。

5. 光线要求 光线是香菇生长不可缺少的条件,但菌丝体生长对光线要求较严,黑暗和弱光条件下均能生长,但弱光下生长良好,强光能抑制菌丝生长;子实体的形成与生长需要一定的散射光,黑暗条件下不易形成或很难形成子实体,但直射光对香菇子实体有害。光线适宜,香菇子实体产量高,质量好,颜色深而且有光泽。

6. pH 值要求 香菇菌丝生长发育要求微酸性的环境,培养料的 pH 值在 3~7 都能生长,以 5 最适宜,超过 7.5 生长极慢或停止生长。子实体的发生、发育的最适 pH 值为 3.5~4.5。在生产中常将栽培料的 pH 值调到 6.5 左右。高温灭菌会使料的 pH 值下降 0.3~0.5,菌丝生长中所产生的有机酸也会使栽培料的 pH 值下降。

二、香菇栽培技术

香菇的栽培方法有段木栽培和代料栽培两种。段木栽培产的香菇商品质量高,投入产出之比也高,由于受到树木、地区、季节的限制,发展速度较慢。自从上海市栽培成功并大面积推广木屑栽培方法以来,为发展香菇生产,开辟了一条新途径,代料栽培得以迅速的发展,虽然代料栽培投入产出比仅为1:2,但其生产周期短,生物学效率也高,而且可以利用各种农业废弃物并能够在城乡广泛发展。现重点介绍代料栽培技术。

(一)栽培季节与场地

香菇栽培季节非常重要,各地气候条件不同,应根据具体情况合理安排栽培季节。北京地区香菇生产多采用夏播,秋、冬、春出菇,由于秋季出菇始期在9月中旬,所以具体播种时间应在7月初,6月初制作生产种,选用中温型或中温型偏低温菌株。但由于夏播香菇发菌期正好处在气温高、湿度大的季节,杂菌污染难以控制,所以近年来冬播香菇有所发展,一般是在11月底、12月初制作生产种,12月底、1月初播种,3月中旬进棚出菇,多采用中温型或中温偏高温型的菌株。

栽培香菇场地多种多样,能满足温度、湿度、光线和通风条件的场所均可栽培。场地建设可参阅第三、第四章的内容。

(二)品种选择

目前香菇生产所用菌种有偏高温型、中温型、偏低温型3种。适合代料栽培的有以下几种:

1. **偏高温型菌种**　出菇温度为10℃~28℃。Cr-04:子实体朵大,圆整,菌盖肥厚内卷,茶褐色,品质优良,抗逆性强;广香47:子实体朵大肉厚,菌盖黄褐色;香菇8500:子实体朵大肉厚,菌柄粗,菌盖深褐色,产量高。

2. **中温型菌种**　出菇温度为10℃~22℃。L-26:子实体中等大小、外形美观,菌盖深褐色或棕褐色,菌肉肥厚,菌柄细短,抗逆性强,适应性广;Cr-62:子实体中等大小,菌盖黄褐色至茶褐色,菌柄细短,适应性较强;G-66:子实体朵大,菇形圆整美观,肉质紧实,菌盖茶褐色至深褐色,适应性强。

3. **偏低温型菌种**　出菇温度5℃~20℃。Cr-02:子实体中朵,菌盖黄褐色至茶褐色,适应性强,产量较高。N-06:子实体中朵,菌盖褐色,肉质中等,抗杂能力强。

(三)培养料的选择与配制

培养料是香菇生长发育的基质,生活的物质基础,所以培养料的好坏直接影响到香菇生产的成败以及产量和质量的高低。由于各地的有机物质资源不同,香菇生产所采用的培养料也不尽相同。目前北方地区培养料多采用木屑、棉籽壳和玉米芯为主体培养料,再添加一定的辅料配制而成。

常用的配方有如下几种:

第一,木屑 78%、麸皮 20%、石膏粉 1%、蔗糖 1%。

第二,木屑 36%、棉籽皮 26%、玉米芯 20%、麸皮 15%、石膏 1%、过磷酸钙 0.5%、尿素 0.5%、糖 1%。

第三,玉米芯 50%、杂木屑 26%、麸皮 20%、蔗糖 1%、石膏粉 2%、硫酸镁 0.5%、尿素 0.3%~0.5%。

第四,麦秸或稻草 82%、麸皮 10%、玉米粉 5%、过磷酸钙 1%、石膏粉 1%、尿素 0.3%。

无论用哪种配方,都应选择新鲜、无发霉变质的培养料,先暴晒 2~3 天,再按配方比例称取各物质,然后将棉籽皮、木屑和麦麸等料混合在一起;另将糖、尿素等在水中搅拌均匀,再用锨和竹扫帚将两者翻拌均匀(或搅拌机搅拌均匀),不能有干的料粒。

(四)装袋、灭菌与接种

1. 塑料筒的规格 栽培香菇多数采用的是两头开口的塑料筒,塑料筒的规格有两种:有壁厚 0.04~0.05 厘米的聚丙烯塑料筒和厚度为 0.05~0.06 厘米的低压聚乙烯塑料筒。聚丙烯筒高压、常压灭菌都可,但冬季气温低时,聚丙烯筒变脆,易破碎;低压聚乙烯筒适于常压灭菌。生产上采用的塑料筒规格也是多种多样的,北方多用幅宽 17 厘米、筒长 35 厘米或 57 厘米的塑料筒。

2. 装袋灭菌　先将塑料筒的一头扎起来。扎口方法有两种,一是将采用侧面打穴接种的塑料筒,先用尼龙绳把塑料筒的一端扎两圈,然后将筒口折过来扎紧,这样可防止筒口漏气;二是采用 17 厘米 × 35 厘米短塑料筒装料,两头开口接种,也要把塑料筒的一端用力扎起来,但不必折过来再扎了。扎起一头的塑料筒称为塑料袋,装袋前要检查是否漏气。检查方法是将塑料袋吹满气,放在水里,看有没有气泡冒出。漏气的塑料袋绝对不能用。手工装袋,要边装料,边抖动塑料袋,并用粗木棒把料压紧压实,装好后把袋口扎严扎紧,装好料的袋称为料袋。为了防止翻袋和扎孔造成料袋污染杂菌,装袋时一定要把料袋装紧,料袋装得越紧杂菌污染率越低。在高温季节装袋,要集中人力快装,一般要求从开始装袋到装锅灭菌的时间不能超过 6 小时,否则料会变酸变臭。料袋装锅时要有一定的空隙或者"井"字形排垒在灭菌锅里,这样便于空气流通,灭菌时不易出现死角。

装好的料袋要及时灭菌,可采用高压灭菌或常压灭菌。采用高压蒸汽灭菌时,具体操作方法见金针菇栽培的有关内容,若采用常压蒸汽灭菌锅,开始加热升温时,火要旺要猛,从生火到锅内温度达到 100℃的时间最好不超过 4 小时,否则会把料蒸酸蒸臭。当温度到 100℃后,要用中火维持 8 ~ 10 小时,中间不能降温,最后用旺火猛攻一会儿,再停火焖 1 夜后出锅。出锅前先把冷却室或接种室进行空间消毒。

出锅用的塑料筐也要喷洒 2%的来苏儿水或 75%的酒精消毒。把刚出锅的热料袋运到消过毒的冷却室里或接种室内冷却,待料袋温度降到 30℃以下时才能接种。

3. 香菇料袋的接种　香菇料袋多采用侧面打穴接种,要几个人同时进行,所以在接种室和塑料接种帐中操作比较方便。具体做法是先将接种室进行空间消毒,然后把刚出锅的料袋运到接种室内一行一行、一层一层地垒排起,每垒排一层料袋,就往料袋上用手持喷雾器喷洒1次0.2%多菌灵;全部料袋排好后,再把接种用的菌种、胶纸,打孔用的直径为1.5~2厘米的圆锥形木棒、75%的酒精棉球、棉纱、接种工具等准备齐全。关好门窗,打开氧原子消毒器,消毒40分钟;关机15分钟后开门,接种人员迅速进入接缓冲间,关好缓冲间的门,穿戴好工作服,向空间喷75%的酒精消毒后再进入接种间。

接种按无菌操作(同菌种部分)进行。侧面打穴接种一般用长55厘米塑料筒作料袋,接5穴,一侧3穴,另一侧2穴。3人一组,第一个人先将打穴用木棒的圆锥形尖头放入盛有75%酒精的搪瓷杯中,酒精要浸没木棒尖头2厘米,再将要接种的料袋搬一个到桌面上,一手用75%的酒精棉纱擦抹料袋朝上的侧面消毒,一手用木棒在消毒的料袋侧面打穴3个。1个穴位于料袋中间,其他2个穴分别靠近料袋的两头。第二个人打开菌种瓶盖,将瓶口在酒精灯上转动烧灼一圈,长柄镊子也在酒精灯火焰上烧灼灭菌;冷却后,把瓶口内菌种表层刮去,然后把菌种放入用75%的酒精或2%的来苏儿水消过毒的塑料筒里;双手用酒精棉球消毒后,直接用手把菌种掰成小枣般大小的菌种块迅速填入穴中,菌种要把接种穴填满,并略高于穴口。注意,第二个人的双手要经常用酒精消毒,双手除了拿菌种外,不能触摸其他任何东西。第三个人则用3.5厘米×3.5厘米方形胶粘纸把接种后的穴封贴严,并把料袋翻转180度,将接过种的侧面朝下。第一个人用酒精棉纱擦拭料袋朝上的侧面,再等距离地在料袋上打2个穴,然后把打穴的木棒尖头放入酒精里消毒,再搬第二个料袋。第二个人把第一个料袋的2个接种穴填满菌种,第三个人用胶粘纸封贴穴口,并把接完种的第一个料袋(这时称为菌袋)搬到旁边接种穴朝侧面排放好。接完种的菌袋即可进培养室培养。用35厘米长的塑料筒作料袋,可用侧面打穴接种,一般打3个穴,一侧2个,另一侧1个,也可两头开口接种。

用接种箱接种,因箱体空间小,密封好,消毒彻底,所以接种成功率往往要高于接种室。但单人接种箱只能1个人操作,只适用于在短的料袋两头开口接种。如果是侧面打穴接种,最好采用双人接种箱,由两个人共同操作,一个人负责打穴和贴胶粘纸封穴口,另一个人将菌种按无菌程序转接于穴中。

(五)菌丝生长阶段的管理

指从接完种到香菇菌丝长满料袋并达到生理成熟这段时间内的管理。菌袋培养期通常称为发菌期,可在室内(温室)、荫棚里发菌,发菌地点要干净、无污染源,要远离猪场、鸡场、垃圾场等杂菌孳生地,要干燥、通风、遮光等。进袋发菌前要消毒杀菌、灭虫,地面撒石灰。刚接完种的菌袋,3个袋一层呈三角形垒成排,接种穴朝侧面排放,每排垒几层要看温度的高低而定,温度高可少垒几层,排与排之间要留有走道,便于通风降温和检查菌袋生长情况。

接种后开始7~10天内不要翻动菌袋,第十三至第十五天进行第一次翻袋,这时每个接种穴的菌丝体呈放射状生长,直径在8~10厘米时生长量增加,呼吸强度加大,要注意通气和降温。一般每天通风1~2次,每次30~40分钟,满足菌丝生长对氧气的需求。在翻袋的同时,用直径1毫米的钢针在每个接种点菌丝体生长部位中间,离菌丝生长的前缘2厘米左右处扎微孔3~4个,或者将封接种穴的胶粘纸揭开半边,向内折拱1个小的孔隙进行通气,同时检查杂菌污染情况,如出现污染,应及时拣出并处理。降温的方法很多,可灵活掌握。如减少菌袋垒排的层数,扩大菌袋间距,有利于散热降温;温室和荫棚发菌,白天加厚遮盖物,晚上揭去遮盖物;室内和温室发菌,趁夜间外界气温低时,加强通风降温,有条件的可安装排风扇;气温过高,可喷凉水降温,但要注意喷水后要加强通风,不能造成环境过湿,以防止杂菌污染。

菌袋培养到 30 天左右再翻 1 次袋。在翻袋的同时,用钢丝针在菌丝体的部位,离菌丝生长的前缘 2 厘米处扎第二次微孔,每个接种点菌丝生长部位扎一圈 4~5 个微孔,孔深约 2 厘米。凡是封闭式发菌场地,如利用房间、温室发菌,在翻袋扎孔前要进行空间消毒,可有效地减少杂菌污染。发菌期还要特别注意防虫灭虫。

由于菌袋的大小和接种点的多少不同,一般要培养 45~60 天菌丝才能长满袋。这时还要继续培养,待菌袋内壁四周菌丝体出现膨胀,有皱褶和隆起的瘤状物,且逐渐增加,占整个袋面的 2/3,手捏菌袋瘤状物有弹性松软感,接种穴周围稍微有些棕褐色时,表明香菇菌丝生理成熟,可进菇场转色出菇。

(六)子实体生长阶段管理

香菇菌丝生长发育进入生理成熟期,表面白色菌丝在一定条件下,逐渐变成棕褐色的一层菌膜,叫做菌丝转色。转色的深浅、菌膜的薄厚,直接影响到香菇原基的发生和发育,对香菇的产量和质量关系很大,是香菇出菇管理最重要的环节。

1. **脱袋转色** 转色的方法很多,常采用的是脱袋转色法。这是香菇栽培中不可缺少的环节。栽培袋经过 60 天左右的发菌培养,菌丝可长满培养料,之后应增加培养室光线,继续培养 10 天左右可脱袋转色。脱袋时,用小刀沿袋纵向割破薄膜,取出菌柱并及时摆放,摆完一个床架要立即覆盖干净的薄膜。脱袋后,昼间温度控制在 20℃～22℃ 之间,夜间在 12℃ 左右,在夜间或清晨通风。脱袋 4～5 天后,开始揭膜通风,逐渐增加通风次数,一般每天通风两三次,并给予散射光诱导。当菌丝体出现吐"黄水"现象,应及时用 1.5% 石灰水冲洗掉,或用 70% 的酒精棉球吸干,也可适当延长通风时间,防止污染。

除了脱袋转色,生产上有的采用针刺微孔通气转色法,待转色后脱袋出菇。还有的不脱袋,待菌袋接种穴周围出现香菇子实体原基时,用刀割破原基周围的塑料袋露出原基,进行出菇管理。出完第一潮菇后,整个菌袋转色结束,再脱袋泡水出第二潮菇。这些转色方法简单,但出菇不集中,出菇时间拉长,保湿好,在高温季节采用此法转色可减少杂菌污染。

2. 出菇管理,促进子实体的形成与生长 香菇菌柱转色后,菌丝体完全成熟,并积累了丰富的营养,在一定条件的刺激下,迅速由营养生长进入生殖生长,发生子实体原基分化和生长发育,也就是进入了出菇期。

(1)催蕾 香菇属于变温结实性的菌类,只有通过环境条件的变化,即必须进行光照、干湿、温差、机械振动等刺激才能顺利转入子实体原基的形成和分化。在正常情况下,脱袋 10 天左右,菌棒基本上完成转色。若条件适宜,子实体原基的出现与菌棒转色同步发生。子实体的发生温度,低温型的品种为 5℃～15℃,中温型的品种为 10℃～20℃,高温型的品种为 15℃～25℃。

这个时期一般都揭去畦上罩膜,出菇温室的温度最好控制在 10℃～22℃,昼夜之间能有 5℃～10℃ 的温差。如果自然温差小,还可借助于白天和夜间通风的机会人为地拉大温差。空气相对湿度维持90%左右。条件适宜时,3~4天菌柱表面褐色的菌膜就会出现白色的裂纹,不久就会长出菇蕾。为使其发育成商品菇,可除去生长过密的原基和菇蕾,进行必要的"疏蕾"。一般每棒保留10朵左右为宜。

(2)子实体生长发育期的管理　菇蕾分化出以后,进入生长发育期。不同温度类型的香菇菌株子实体生长发育的温度是不同的,多数菌株在8℃~25℃的温度范围内子实体都能生长发育,最适温度在15℃~20℃,恒温条件下子实体生长发育很好。要求空气相对湿度85%~90%。随着子实体不断长大,呼吸加强,二氧化碳积累加快,要加强通风,保持空气清新,还要有一定的散射光。

①秋菇　一般指9~11月份出菇。菇潮高峰3~4天,每潮间隔7天左右,共可出菇3~5潮。在管理上,创造以15℃为中心的温度条件是关键,并进行干湿交替,冷热刺激,可得优质菇。秋菇采收3~4潮后,当气温低于12℃时,每天通风1~2次,保持菌棒湿润,即可顺利越冬,待到春季气温回升到12℃以上时,再进行补水、催蕾,进行育菇管理。

②冬菇　一般指11月份至翌年的3月初出菇。气温低注意通气保温是关键。中午以后,2~3点时通风为宜,并要温和的通风,湿度不宜过大,更不能洒冷水,每潮菇12~16天,由于气温偏低,子实体生长发育的慢,易得厚菇或花菇。

③春菇　一般指3~6月份所出的菇,易得厚菇和薄菇,菇的质量不等。在我国北方昼夜温差大,干燥,蒸发量大,风速大。要注意当地气候变化,菌棒的补水、保水是关键。后期既要注意通风散热,又要注意保湿,适量补加营养液。

④夏菇　一般指7~9月份出的菇。在我国北方气温炎热多雨,降水量充沛。此时,育菇注意降温与通风换气是关

键。子实体生长速度快,多为薄菇,菇的质量一般,菇柄也长,更需降温和通风。

(七)采 收

采收早了要影响产量,采收迟了又会影响质地,只有按照先熟先采的原则,才能达到高产优质。具体采收标准是:当子实体七八成熟,菌膜破裂,菌盖还没有完全伸展,边缘内卷,菌褶全部伸长,并由白色转为褐色时,为最佳采收期。采菇应在晴天进行。

采收时应一手扶住菌柱,一手捏住菌柄基部转动着拔下。整个 1 潮菇全部采收完后,要通大风 1 次,晴天气候干燥时,可通风 2 小时;阴天或者湿度大时可通风 4 小时,使菌柱表面干燥,然后停止喷水 5~7 天。让菌丝充分复壮生长,待采菇留下的凹点菌丝发白,就给菌柱补水。补水方法是先用 10 号铁丝在菌柱两头的中央各扎 1 孔,深达菌柱长度的 1/2,再在菌柱侧面等距离扎 3 个孔,然后将菌柱排放在浸水池中,菌柱上放木板,用石头块压住木板,加入清水浸泡 2 小时左右,以水浸透菌柱(菌柱重量略低于出菇前的重量)为宜。浸不透的菌柱水分不足,浸水过量易造成菌柱腐烂,都会影响出菇。补水后,将菌柱重新摆放在畦里,重复前面的催蕾出菇的管理方法,准备出第二潮菇。第二潮菇采收后,还是停水、补水,重复前面的管理,一般出 4 潮菇。

(八)香菇的干制

采收后,若非鲜菇销售,应立即进行烘干加工。烘烤技术的好坏,会直接影响到香菇的质量,火力太猛会把菇烤焦;火力不足,则会使其发黑;时间拖长还会腐烂,要特别注意烘烤方法。香菇的干燥法有烘干和晒干两种,目前多采用烘干和烘晒结合法。

1. 烘干　目的是排除香菇含水量,达到商品干燥标准,含水量约13%,以利于长期保存。烘烤时要注意:当天收当天烘烤。火力或用其他热源均要先低后高,开始时不超过40℃,每隔3~4小时升高5℃,最后不超过65℃;烘烤时最好不1次烘干,至八成干时出烤;然后再"复烤"3~4小时,这样干燥一致,香味浓,且不易破碎。烘烤后质量标准:香味浓,色泽好(菌盖咖啡色、菌柄淡黄色),菌褶清爽不断裂,含水量达13%,过干难运包,过湿难保藏。

2. 烘晒结合　先将鲜菇菌柄朝上,置太阳下晒6小时左右,立即烘烤,这样色泽好,营养好;香味浓,成本低。

思考题

1. 说明香菇脱袋转色的过程,转色后又如何进行管理?
2. 香菇春季出菇的管理方法有哪些?
3. 香菇秋季出菇的管理方法有哪些?

第五章　双孢菇栽培

一、概　述

(一)形态特征

双孢菇又名蘑菇、白蘑菇,由菌丝体和子实体组成。菌丝生长在培养料内,不断积累营养,达到生理成熟时形成子实体。子实体是供人们食用的部分,由菌柄和菌盖组成。菌盖初期为半球形,表面光滑,白色;菌柄较粗,白色至灰白色,肉质可食。

(二)生育条件

双孢菇生长发育过程可分为菌丝体生长阶段(发菌阶段或发菌期)和子实体生长阶段(出菇阶段或出菇期)。从播种栽培至子实体原基形成前为菌丝体生长阶段;从子实体形成至采收为子实体生长阶段。生长发育过程中,需要营养、温度、湿度、空气、光线和酸碱度(pH 值)等条件,不同的发育阶段要求也不同。

双孢菇是一种腐生真菌,不能进行光合作用,所需营养完全依靠从营养料里吸收。碳素营养通过分解纤维素、半纤维素获得,氮素营养可通过分解腐熟的牲畜粪便获得。因此,农作物的秸秆、皮壳和各种粪肥可作为栽培双孢菇的培养料,但必须腐熟后才能更好地被利用。

双孢菇属中温偏低类型的食用菌,具有变温结实性。菌丝体生长的温度范围是 5℃~32℃,最适宜的温度为 23℃~

25℃;子实体形成与生长的温度范围是 6℃～22℃,适温为 14℃～18℃,低于 12℃,子实体生长缓慢,18℃以上,子实体生长加快,但菌柄细长,皮薄易开伞,质量低劣。

双孢菇菌丝体生长阶段,培养料的含水量要求 60%左右,空气相对湿度 80%左右;子实体生长阶段,培养料湿度要求 60%～65%,覆土层湿度保持 18%～20%,空气相对湿度 85%～90%。

双孢菇为好气性菌类,菌丝及子实体生长都需要充足的新鲜空气。发菌阶段,菌丝可耐较高的二氧化碳浓度,出菇阶段要求充足的氧气和低浓度的二氧化碳,否则子实体盖小柄细长,极易开伞。

双孢菇生长发育对光线要求不严或不需要光线,整个发育过程可在完全黑暗条件下进行。但子实体的形成最好有散射光的刺激,光线不宜强,否则菌体发黄,表面干燥,品质下降。

菌丝生长的 pH 值为 5～8,适宜的 pH 值为 6.5～7。由于双孢菇菌丝生长中产生酸,使培养料变酸,在播种时培养料的 pH 值应调至 7～7.5,覆土层 pH 值应调到 7.5～8。

二、双孢菇栽培技术

(一)栽培季节与场地

双孢菇栽培周期较长,按自然气候条件每年只栽培 1 次,播种时间的安排与栽培场地密切相关。华北地区一般在 8 月上旬至 8 月中旬进行堆制培养料,9 月上旬至 9 月中旬播种。9 月下旬至 10 月初覆土,10 月下旬至 12 月底进行秋冬季出菇管理,翌年 1 月初至 2 月底进行越冬管理,3 月初至 4 月底进行春季出菇管理。

目前华北地区多采用冬暖式塑料大棚栽培双孢菇。菇棚长 30~50 米,宽 7 米,棚内在地面下挖 40~50 厘米,不宜过深。如果棚内地面单层铺料,棚北墙高 1.5 米,墙厚 80~100厘米,棚拱最高处 2~2.5 米,南墙高 50 厘米。如果棚内双层或多层铺料播种,北墙高 2.2 米,墙厚 80~100 厘米,南墙高80 厘米,墙厚 40~60 厘米,东西两侧自然倾斜,墙厚 60~80厘米,北墙设通风口。无论是哪种菇棚,棚内均要做畦床,一般畦宽 1 米,高 30 厘米,两畦间距 50 厘米,作为人行道,人行道对着通风口。

(二)品种选择

1. **As2796** 子实体个大外形圆整,菌柄粗短,抗逆性强,高产。

2. **江苏 17 号** 菌丝萌发快,生长健壮,较耐高温,子实体菇形圆整,肉肥厚,不易开伞,产量较高。

3. **双孢菇 19-4** 子实体个大,菇形圆整,洁白,出菇均匀,适合制罐,但产量较低。

4. **玉林 1 号、玉林 2 号** 菌丝吃料快,爬土能力强,子实体多单生,出菇均匀,抗逆性强,特别是子实体耐高温,在21℃~22℃下仍不开伞。

5. **浙农 2 号** 子实体生长对温、湿度适应性较强,低温期仍能出菇较多,高温期死烂菇少,优质高产。

(三)培养料的选择与配方

栽培双孢菇主要是粪草培养料,如麦秸、稻草和鸡粪或牛马粪,常用配方如下:①麦秸 2 000 千克、干鸡粪 500 千克、尿素 5 千克、麸皮 50 千克、石膏 25 千克、过磷酸钙 10 千克、碳酸钙 25 千克、石灰 50 千克、酵菌素 8~10 千克;②麦秸 2 000

千克、干牛粪 1 000 千克、棉籽饼 150 千克、麸皮 50 千克、过磷酸钙 35 千克、石膏 40 千克、石灰 50 千克、酵菌素 8~10 千克；③麦秸 2 500 千克、饼肥 80 千克、尿素 30 千克、过磷酸钙 40 千克、麸皮 50 千克、石膏 60 千克、石灰 50 千克、酵菌素 8~10 千克；④麦秸 1 200 千克、干牛马粪 1 200 千克、尿素 35 千克、碳酸氢铵 20 千克、饼肥粉 100 千克、过磷酸钙 60 千克、石膏粉 60 千克；⑤稻草 1 000 千克、牛粪 1 000 千克、饼肥 40~50 千克、尿素 7 千克、硫酸铵 14 千克、过磷酸钙 30 千克、碳酸钙 30 千克；⑥稻草 1 000 千克、豆饼粉 15 千克、尿素 3 千克、硫酸铵 10 千克、过磷酸钙 18 千克、碳酸钙 20 千克。

(四)培养料的堆制发酵

各种配方制成的培养料必须经过堆制发酵才能播种。

1. **堆制场地**　应选择地势高燥,背风向阳靠近水源且离菇棚较近的地方,地面要紧实,清扫干净。场地四周开好排水沟,四面挖积水坑,以免料内流出的水流失。

2. **培养料处理**　麦秸或稻草应铡成 15~20 厘米小段,碾压破碎后平摊于地面上,向麦秸或稻草上均匀喷水,以湿透为度,含水量以 60% 左右为宜,一般用手绞扭麦秸或稻草,能见水渗出为度。将畜粪粉碎过筛,加入清水拌匀,含水量 50%~55%,即用手捏成团,落地能散的程度。如果使用酵菌素,应将其和麸皮混合均匀备用。

3. **培养料堆制**　先铺一层麦秸或稻草,厚约 30 厘米,宽 1.8~2 米,长度视场地而定,但一般不超过 10 米。然后往麦秸或稻草上铺一层粪,以盖没草层为度,撒上一层酵菌素和麸皮。这样一层麦秸或稻草一层粪,一层酵菌素和麸皮,按次序往上堆叠,直到料高达 1.5 米左右为度。饼肥和尿素一般在堆料中间 3~6 层时加入,上下两头不加。料堆四边应垂直整齐,堆料顶部做成弧形,覆盖草帘,下雨时盖薄膜。

4. 发酵与翻堆 一般堆料后 3~4 天料温上升,6~7 天料温达到 70℃~80℃后下降,此时进行第一次翻堆,将堆料的上下、内外各调换位置,将麦秸或稻草和粪混合拌匀。第一次翻堆时分层撒入磷肥和石膏粉,并喷水调温。第一次翻堆后 5~6 天,料温升至 75℃并开始下降时进行第二次翻堆,分层撒入石灰粉,使料的 pH 值为 7.5~8,将粪草抖松。第二次翻堆后 4~5 天料温达到 65℃~70℃时进行第三次翻堆,如果料温超过 75℃,应提前翻堆。第三次翻堆后 3~5 天进行第四次翻堆,此次翻堆应把麦秸或稻草和粪混合均匀,3 天后进菇棚。如果配方中无酵菌素,发酵时间将延长。

后发酵是目前国内广泛采用的一项技术,它可以提高双孢菇的产量和质量。具体方法如下:

第一次发酵好的培养料趁热移入菇棚内铺料,料厚 20~25 厘米。密闭菇棚,当料温达到 48℃~50℃时,维持 3~5 天。发酵结束后,料的颜色应为暗褐色,料疏松而有弹性,草一拉即断,无臭味,含水量 65%左右,pH 值为 7~7.5。

(五)菇棚消毒

铺料后,将接种用的全部工具放在棚内,密闭菇棚进行消毒,可用甲醛或硫黄粉进行熏蒸 24 小时,然后打开通风口通风换气。

(六)播 种

料温下降到 28℃以下即可播种。播种前检查培养料的湿度、pH 值,如不适宜应调整。播种有穴播、条播和撒播 3 种形式,以穴播较多。在培养料面上用手挖 3~5 厘米深的洞穴,穴距 8~10 厘米,每个穴内放少量菌种,稍压实。菌种不要全埋在料内,要稍露出料面。也可采用穴播与撒播相结合的方式,即用菌种量的一半穴播,剩下的菌种均匀撒在料面上,轻轻拍压。

(七)播种后的管理

播种后棚内温度应控制在 23℃ ~ 25℃,空气湿度保持在 75%左右,播种后 3 天内以保湿为主,紧闭菇棚,少通风。3 天后随着菌丝生长,逐渐加大菇棚通风量,促进菌丝尽快在培养料内定植,7 ~ 10 天菌丝就可长满料面,此时应加强通风,保持较低的空气湿度,使料面较干,促使菌丝向料内生长。

(八)覆 土

覆土是双孢菇栽培中一项重要的工作。一般播种后18 ~ 20 天,当菌丝长至料厚的 2/3 或基本接近料底时就可覆土。

1. 覆土的选择及土粒的制作   选择吸水、保水性能好的壤土或粘壤土,pH 值为 6.5 ~ 7.5。覆土不宜选用耕作层的肥沃壤土,最好用 30 厘米以下的壤土,覆土粒分粗土粒和细土粒两种。粗土粒一般直径 1.5 ~ 2 厘米,细土粒 0.5 ~ 1 厘米。土粒暴晒 1 ~ 2 天,用塑料膜覆盖、甲醛熏蒸备用。

2. 覆土方法   覆土时先将土粒喷水至半湿(含水量 18% ~ 20%),将粗土粒均匀覆在料面上,厚 2.5 ~ 3 厘米,用木板轻轻拍平,喷水调湿,喷水要少量多次,每天喷 4 ~ 6 次,连喷 3 ~ 4 天,最后使土粒含水量达 60% ~ 65%。覆粗土粒后 7 ~ 8 天,当菌丝爬出土粒时再覆 1 厘米厚的细土,填平所有的小孔隙,使覆土层厚度为 3.5 ~ 4 厘米,覆细土后立即喷水调湿,调至与粗土粒水分相同或略偏干些。

(九)覆土后的管理

覆土后棚内控制温度和保持湿度,使菌丝向土层内生长,一般正常情况下覆土后 18 ~ 20 天即可出菇。此期间应精心管理,创造适宜的条件促进子实体的形成和生长。

1. **喷结菇水**　覆细土后菌丝定位在粗细土中间,将温度降到18℃左右,先进行大通风2~3天,抑制菌丝生长,促使菌丝开始扭结。此时应及时喷结菇水,一般每平方米用水2 500毫升左右,分2次喷完,水湿到粗土上部,喷水后棚要大通风2天。

2. **喷出菇水**　待土层内幼蕾普遍长到绿豆或黄豆大小时,即可喷出菇水。每平方米用水2 500毫升,分5~6次喷入,之后逐渐减少通风量,保持棚内湿度85%~90%,使子实体正常生长。

3. **秋菇管理**　秋季是双孢菇生长的理想季节,应加强管理,夺取丰产。出菇期水分管理是非常重要的,一般掌握勤喷、少喷。空气相对湿度80%~90%,随着气温下降和床面出菇减少,喷水量要相应减少。秋菇前期气温高,出菇多,应加强通风换气,降低棚温,防止出现通风死角。每潮菇采收后应及时整理床面,剔除床面上的老根和死菇,立即补覆湿润的细土,然后喷水。如果土层菌丝出现板结现象,应及时打扦松动土层,使板结的菌丝断裂,促使转潮出菇。

4. **冬季管理**　当气温降到5℃以下,双孢菇停止生长,进入冬季管理。如果能保持棚内温度可持续出菇。秋菇结束后,床面应进行1次打扦,保持料和土层"半干半湿"的状态,棚温保持在3℃~4℃,并给予适当的通风。

5. **春菇管理**　当棚内温度稳定在6℃~7℃以上时,喷发菌水,一般每平方米喷水2 000毫升,在2天内喷入。一般当气温稳定在10℃以上后,调节土面水分,每平方米喷3 000毫升水,采取轻喷勤喷的方法。

(十)采收与加工

生长旺期,每天采收2次,即早晨和下午各1次。采收时,用手捏住菇盖轻轻旋转采下,勿伤害周围小菇,可采大留小。采下的双孢菇及时上市销售或加工后交收购部门。

思考题

1. 双孢菇栽培料堆积发酵的方法是怎样的?
2. 双孢菇栽培过程中覆土的时期和方法如何?
3. 双孢菇春菇管理方法有哪些?
4. 双孢菇秋菇管理方法有哪些?

第六章　鸡腿菇栽培

鸡腿菇是近年来推广栽培的一种高产优质的食用菌种类,不仅营养丰富,口感鲜嫩,而且具有较高的药用价值,深受市场欢迎。目前鸡腿菇出口和内销价格较高,是一种很有发展前途的食用菌种类。鸡腿菇适应性较强,栽培料来源广泛,现在多采用塑料袋生料栽培,管理方便,栽培成功率高,可调控出菇季节,深受广大菇农欢迎。

一、概　述

(一)形态特征

鸡腿菇学名毛头鬼伞,子实体单生、丛生或群生。菌盖幼小时为圆柱形,高 6～12 厘米;后期菌盖呈钟形至平展,直径 5～6.5 厘米。菌盖表面初期白色、光滑,中后期淡锈色,并逐渐加深,表皮开裂成鳞片,菌肉白色。菌褶初期白色,随生长变为灰色至黑色,后期与菌盖边缘一同溶为墨汁状。孢子黑色,椭圆形。菌柄白色,圆柱状,基部膨大,向上渐细。菌环白色,膜质,可上下移动,易脱落。

(二)生育条件

鸡腿菇生长发育分菌丝体生长阶段和子实体生长阶段,生长发育所需要的环境条件有营养、温度、湿度、空气、光线和酸碱度,不同发育阶段要求条件不完全相同。

1. **营养**　鸡腿菇是一种适应能力极强的粪草土腐生菌,具有菌丝体不遇土不出菇的特点。菌丝分解能力较强,可利用的培养料种类很多,实践证明,棉籽壳、玉米芯、麦秸、稻草等是栽培鸡腿菇的较好的培养料。

2. **温度** 鸡腿菇属中温型食用菌。菌丝体生长的温度范围是 8℃～36℃,最适温度为 24℃～28℃。子实体形成和生长的温度为 10℃～28℃,适宜的温度为 16℃～22℃,低于8℃或高于 30℃,子实体生长缓慢或难于形成和生长。

3. **水分** 要求培养料的含水量较高,为 65%～70%;子实体阶段比较耐干燥,要求空气相对湿度 80%～95%,低于60%菌盖表面鳞片反卷,高于 95%,菌盖易感染斑点病。

4. **空气** 鸡腿菇是好气性真菌,生长发育需要充足的氧气。菌丝体阶段需氧量与平菇类似,而子实体生长阶段需氧量比平菇要大,空气中氧气的含量明显影响子实体的产量,因此出菇阶段应加强通风换气,保证空气新鲜。

5. **光线** 菌丝体生长不需要光线。子实体的形成和生长需要一定的散射光,适宜的散射光,子实体肉厚嫩白,光线过弱难于出菇或长成畸形菇,光线过强子实体会变黄腐烂。

6. **pH 值** 鸡腿菇喜微酸性环境,菌丝体生长的 pH 值为5～8,适宜的 pH 值为 6.5～7.5。

二、鸡腿菇栽培技术

(一)栽培季节与场地

鸡腿菇属中温型食用菌,适宜的栽培季节为春、秋两季。华北地区秋季可在 8 月下旬至 9 月上旬接种栽培袋,10 月份覆土,10～12 月份出菇(约 3 潮菇)。如遇低温,出不完,可于翌年 1 月上旬至 2 月份休眠,2 月下旬至 3 月份再出春菇。春季可在 1 月份之前接种栽培袋,2 月下旬至 3 月上旬覆土,3

月下旬至 5 月份出菇。春季宜早,不宜晚,否则后期温度太高。由于鸡腿菇菌丝不遇土不出菇,在冬季空闲时可随时装袋接种,到春季再覆土出菇。

鸡腿菇发菌室可利用现有的闲散房屋,也可在各种棚室内发菌。出菇室多采用日光温室、阳畦或半地下式塑料棚。

(二)品种选择

鸡腿菇品种较少,比较好的有 CC100、CC944、CCSH、CC-SM、农大 2 号等,它们抗逆性强,出菇整齐,肉厚不易开伞,适合加工、保鲜和干制。

(三)培养料的选择与配制

1. **培养料的选择** 实践证明,棉籽壳、玉米芯、麦秸、稻草等都是鸡腿菇栽培较好的培养料。常用配方如下:①棉籽壳 87% ~ 90%、麸皮 6% ~ 8%、氮磷钾复合肥 1%、石灰 1% ~ 2%、石膏粉 1%;②玉米芯 84% ~ 89%、麸皮 6% ~ 10%、氮磷钾复合肥 1.5% ~ 2%、石灰 1% ~ 3%、石膏粉 1%;③麦秸 80%、麸皮 14% ~ 17%、氮磷钾复合肥 1.5% ~ 2%、石灰 1% ~ 3%、石膏粉 1%;④稻草 40%、玉米秆粉 40%、干马粪(打碎)14%、尿素 1%、磷肥 2%、石灰 3%。

主料应在日光下充分暴晒 2 ~ 3 天。玉米芯粉碎成黄豆粒大小,麦秸压扁铡碎,用 pH 值为 10 ~ 14 的石灰水浸泡 12 ~ 24 小时。

2. **培养料的配制与堆积发酵** 培养料的配制与堆积发酵可参照平菇的有关内容。一般用 pH 值 12 ~ 14 的石灰水拌料后堆积发酵。堆料高 1 米,宽 1 米以上,料少时可堆成圆形堆。棉籽壳培养料自然堆积,麦秸、稻草、玉米芯应拍实,然后在料上每隔 0.5 米打一洞至底部,以利于通气。在料堆内插入温度计,盖上塑料薄膜保温,经 1 ~ 3 天料温升至 60℃左右时维持 24 小时,然后翻堆,将外层料翻入内层,按原样堆好,当温度再升至 60℃ 左右时,维持 24 小时,发酵结束。摊晾,检查培养料的含水量和 pH 值,调整培养料 pH 值达到 8 左右,含水量 60% ~ 65%。

(四)接种栽培

1.塑料袋的选择 选用聚乙烯塑料袋,常用规格有两种:

(1)细袋 20 ~ 22 厘米×45 ~ 50 厘米,装干料 0.75 ~ 1 千克,与平菇类似,在栽培畦上横放再覆土。

(2)粗袋 30 厘米×40 厘米,栽菌柱时从中间切开,切面朝下立放于畦上,再覆土。

2.装袋接种 采用层播,一般采用 4 层菌种 3 层料,接种量比平菇略大,为 10% ~ 20%。要特别注意装料的松紧度,既不能太松,也不能太紧,具体操作及注意事项可参照平菇栽培的有关内容。

(五)菌丝体生长阶段管理

1.菌袋堆放 在室内或室外棚室内发菌,一般南北向排放。温度低时可堆高 6 ~ 10 层;温度高时 3 ~ 5 层,或呈“井”字形堆放,行间留走道 30 ~ 50 厘米。

2.培养条件 关键是温度,生料栽培时发菌温度掌握在 18℃ ~ 20℃;空气相对湿度保持在 60% 左右;保持培养室空气新鲜,每天通风 2 ~ 3 次,每次 30 ~ 40 分钟,温度高时可全天通风;尽量保持黑暗或弱光。

3.定期翻堆 一般 7 天左右翻 1 次堆,这样可调节温度,有利于通气,使生长均匀一致。尤其是秋季栽培的,前期气温高,最好装小袋,培养料要充分发酵,并适当加大菌种量,严防杂菌污染;发现杂菌要及时处理。

(六)子实体生长阶段管理

一般经 30～40 天,菌丝可长满培养料,此时应创造条件促其出菇。

1. 做畦,栽菌柱 在棚室内南北向做畦,畦宽 1 米,畦长与棚宽相同,畦深 25 厘米左右,畦间留 20～30 厘米走道。将发好菌的栽培袋去掉外膜,称菌柱,摆放在畦内,菌柱间距 3 厘米,柱间填土,然后向畦内浇重水(浇透),使土壤和菌柱紧密连接。

2. 覆土 覆土是鸡腿菇栽培的重要环节。鸡腿菇菌丝不遇土不出菇,可根据这一特点调节出菇时间。

(1)覆土的选择与处理 一般壤土均可利用,但是覆土使用前必须消毒。可在土壤中加入 1%～2% 的石灰粉混匀,用水喷湿,使含水量达到 20% 使用;也可用 0.5% 的甲醛拌土,覆盖堆闷 12～24 小时消毒,然后再摊晾 24 小时,排去甲醛气味,覆土之前重新调节土壤含水量。另外,也可使用发酵土,即腐殖土或田土 80%,玉米芯粗粉或谷壳 20%,另加 3% 石灰堆制发酵。

(2)覆土方法 栽好菌柱后,及时覆土,常用覆土方式有两种:

一次性覆土:直接覆土厚度为 3～4 厘米。

两次覆土:第一次覆土厚 2～3 厘米,经 7～10 天菌丝基本长满土面时进行第二次覆土,第二次覆土厚 1 厘米左右即可。

不管采用哪种覆土方式,第一次覆土后,直接在土面上盖一层地膜保温保湿,促进菌丝向土层中生长。一般 7～10 天,土面上出现大量菌丝,两次覆土处理的,此时可进行第二次覆土,覆土的消毒方法同上。二次覆土后不再盖地膜,2～3 天喷 1 次水,使土面保持潮湿,一般经 10～15 天才能出菇。一次性覆土的,等土层上出现大量菌丝后,去掉薄膜,按子实体生长阶段管理。

3. 出菇管理　菌丝爬满土面,去掉地膜,或二次覆土之后,按子实体阶段进行管理:

(1)温度　出菇室温度要降下来,控制在 10℃～25℃,最好是 18℃～20℃,可通过揭盖草帘和通风换气调节温度。

(2)湿度　出菇室空气相对湿度增加到 80%～90%,每天可向棚室内空间喷雾状水 1～3 次,保持土层潮湿。注意不能向子实体上喷水。

(3)空气　出菇期应加强通风换气,每天通风 1～3 次,每次 30～40 分钟。通风不良,子实体上发粘,而且子实体比较粗短,这时要加强通风换气。

(4)光线　出菇室要保持一定的散射光。光线过弱,出菇慢,产量低;光线过强,子实体生长慢,品质差,而且表面干燥,色泽发黄,商品价值降低。因此,冬季升温一般用黑膜,或用黑、白双层膜。

一般经 7～10 天管理即可出菇。注意,在鸡腿菇栽培中最常见的病害是一种形似鸡爪的俗称"鸡爪菇",研究表明它是一种杂菌(属真菌),常在鸡腿菇栽培中相伴而生。解决方法是:覆土要严格消毒,并给予适宜的环境条件,促进鸡腿菇生长,抑制杂菌发生。

(七)采收及采后管理

从子实体形成到采收约需 7～8 天,当菌盖边缘的菌环刚刚开始松动,菌盖上出现了少量鳞片,菌盖颜色变浅黄,手触菌盖中部由硬变软时就要立即采收。鸡腿菇成熟速度快,一旦开伞子实体很快自溶成墨汁状液体,失去商品价值。因此,在大量栽培时,每天至少要采收两次。

1. **采收方法** 大多数鸡腿菇品种属于群生型,通常一群1次性采下,如果个体间大小相差太多,也可分次采收。采收时用手握住菌柄基部轻轻摇动旋转拔起,不可带起培养料和损伤周围的幼菇。采收后,菌柄基部带有泥土,要用小刀把土刮去;采收后的鸡腿菇仍在生长,保鲜期极短,因此应及时出售或加工,鸡腿菇常用的加工方法为盐渍或干制。

2. **采后管理** 鸡腿菇每栽培1次可采收3~4潮菇,每采收1潮菇后,先清理菇床,补充水分,缺土的地方重新覆土,盖上地膜,使菌丝恢复生长之后再出下潮菇;另外,可在补水时,补入一些营养液。通常第一潮菇产量最高,约占总产量的70%~80%,一般易出二潮菇,若前两潮出得好,产量高,第三潮菇很难再出。用棉籽壳或玉米芯作主料,生物学效率可达到150%~200%。

思考题

1. 鸡腿菇栽培上,最大的特点是什么?
2. 鸡腿菇覆土常用的消毒方法有哪些?
3. 鸡腿菇如何覆土?
4. 如何做好鸡腿菇的出菇管理?

第七章 杏鲍菇栽培

一、概 述

(一)形态特征

子实体单生或群生,中等至稍大,菌盖直径 2～11 厘米,幼小时呈半圆形,后逐渐变平展,中央浅凹至漏斗状或扇形,幼时淡灰色,成熟前后黄白色或灰褐色,中央周围常有放射状黑褐色细条纹,幼时菌盖边缘内卷,成熟后成波浪状或深裂。菌肉白色,厚且菌柄基部具有杏仁味。菌褶向下延生,密集,不等长,乳白色。菌柄长 5～15 厘米,偏生或侧生,个别中生,菌柄粗壮,上细下粗,中实,肉质细密,棒状至球茎状。孢子无色,孢子印白色至浅黄色。

(二)生长发育条件

杏鲍菇生长发育包括菌丝体生长阶段和子实体生长阶段。生长发育需要的主要条件有营养、温度、湿度、光线、空气和酸碱度。

1. **营养** 杏鲍菇属木腐菌,分解纤维素、木质素的能力较强,人工栽培需要比较充足的营养,特别是氮素要充足,才能促使菌丝旺盛生长,提高产量。制作母种时在培养基上添加适量的蛋白胨、酵母膏,可加快菌丝生长。木屑和棉籽壳是较好的培养料,必须添加一定量的米糠或麸皮、玉米粉才能提高产量。栽培杏鲍菇最好的培养料主料是棉籽皮,能显著提高杏鲍菇产量水平。

2. **温度** 杏鲍菇属中温偏低、恒温结实性菌类,原基的形成不需要变温刺激,原基形成和子实体发育温度因菌株而异。菌丝体生长的温度范围是 5℃~32℃,适温为 25℃左右;子实体形成和生长的温度为 8℃~20℃范围内,最适温度为 12℃~15℃,低于 8℃或高于 20℃子实体很难形成原基,超过 18℃容易发生病害,低于 8℃则难于生长且子实体易出现畸形。

3. **水分** 杏鲍菇比较耐旱,这是其生于沙漠地区所固有的特性。菌丝体生长要求培养料含水量为 60%~65%为宜。菇蕾形成和生长时不宜直接向菇体上喷水,水分主要靠培养基供给。因此,出菇期培养料基质含水量要求 65%~70%;菌丝体生长阶段空气相对湿度应保持在 60%~65%,原基形成时要提高到 90%左右;湿度超过 90%会促进菌丝徒长,对于出菇不利,子实体生长阶段空气相对湿度要调节到 85%~90%,以防止病害发生和提高菇菌品质,延长产品的货架期。

4. **空气** 菌丝体生长阶段对空气要求不严,需氧量较小,低浓度的二氧化碳对于菌丝生长有良好的促进作用。在发菌期,栽培袋内积累的二氧化碳浓度,由正常空气中含量的 0.03%逐渐上升到 22%~28%,能明显加快菌丝生长,但二氧化碳浓度不能太高。原基的形成和子实体发育需要充足的新鲜空气,空气中二氧化碳浓度在 0.4%时原基形成早,子实体生长发育时空气中二氧化碳浓度控制在 0.02%~0.08%,超过 0.2%菌盖变小,在 0.08%以下可得到形态正常的子实体,否则将影响原基的形成和幼菇生长。

5. **光线** 菌丝体生长阶段不需要光照,黑暗条件下菌丝生长更快;子实体的形成和发育需要较明亮的散射光,才能形成形态正常、色泽好的子实体。光线过强,菌盖变黑,光线过弱,菌盖变白,菌柄变长。

6. 酸碱度　菌丝体生长的 pH 值范围是 4～8,最适宜的 pH 值为 6.5～7.5;pH 值 4 以下,菌丝生长受到抑制;pH 值 6.5 以上,菌丝生长缓慢;pH 值超过 8 出菇则非常困难,出菇阶段最适宜的 pH 值为 5.5～6.5。

二、杏鲍菇栽培技术

(一)栽培季节与场地

杏鲍菇属中温偏低类型的菌类,菌丝生长最适温度为 23℃～25℃,杏鲍菇栽培的成功与否关键在于选择出菇季节,出菇最适温度为 10℃～15℃,温度太低或太高都影响子实体形成,不利于子实体生长发育。杏鲍菇不同于侧耳属的其他菇种,如果首批菇蕾未能正常形成,则下一潮菇也难以正常发生,使总产量明显降低。根据其菌温特点和杏鲍菇子实体形成和生长对温度条件的要求确定栽培季节,一般以秋冬和冬春栽培为宜,冬季气温较高的地方,安排在 12 月份至翌年 2 月份出菇更好,在高海拔的山区也可进行反季节栽培。一般以秋冬季栽培比春季栽效果为好;春季栽发菌温度较低,菌丝生长慢,出菇期温度升高,雨水多,病虫害猖獗,产量和质量都有所下降。华北地区一般在 9 月中旬接种栽培袋,10 月下旬开始出菇。其他地区应根据当地的具体气候条件确定栽培适期。

杏鲍菇袋栽采用菇房(棚)层架式栽培方式,对栽培场地要求不严,一般干净通风的房间稍加改造均可作为栽培室,能保温保湿、通风良好、避光、离水源近的场所均可;可室内袋栽,也可利用室外空地或与作物、果树等套种。一般闲散房屋和各种日光温室均可栽培,但要求栽培场地干净、通风。专用菇棚的场址要选择近水源、交通方便、坐北朝南、环境清洁、无污染源的场所。如在室内栽培,菇房(棚)要有通风窗,有利于遮光和通风,并能防止直射光照射菇床。室内设多层床架,床架一般以4～5层为宜,床架宽40厘米,层距50厘米,底层距地面30厘米。菌袋单层竖直放在层架上,每平方米可排放100袋,菇房有效利用面积为60%。每间菇房面积不宜过大,过大则不便于管理。一间40平方米的菇房,设4层床架,约可栽培10 000袋。

(二)栽培料的选择与配制

杏鲍菇适应性很强,栽培原料为杂木屑、棉籽壳、玉米芯、甘蔗渣等。目前栽培杏鲍菇多采用棉籽壳做主料,还可利用木屑、玉米芯等,但产量较棉籽壳低。常用配方如下:

配方一　棉籽壳73%、麸皮25%、碳酸钙1%、蔗糖1%。

配方二　棉籽壳75%、麸皮15%、玉米粉8%、碳酸钙1%、蔗糖1%。

配方三　木屑73%、麸皮15%、玉米粉10%、碳酸钙1%、蔗糖1%。

配方四　玉米芯73%、麸皮25%、碳酸钙1%、蔗糖1%。

配方五　棉籽壳65%、杂木屑16%、麸皮15%、玉米粉2%、碳酸钙1%、蔗糖1%。

配方六　甘蔗渣45%、棉籽壳18%、杂木屑15%、米糠10%、玉米粉10%、蔗糖1%、碳酸钙1%。

配方七　杂木屑25%、棉籽壳25%、麸皮20%、玉米芯23%、玉米粉5%、蔗糖1%、碳酸钙1%。

以上配方中,棉籽壳培养料内应加适量石灰粉,使培养料的pH值达到7.5;木屑应过筛,防止扎破料袋;玉米芯应粉碎成黄豆粒大小。无论选用哪种配方,培养料应新鲜无污染,在阳光下暴晒 1～3 天,加水拌料后使含水量达 60%～65%。拌料的具体要求和注意事项可参照金针菇栽培的有关内容。

(三)装袋、灭菌及接种

杏鲍菇的栽培方式主要有瓶栽、袋栽、畦栽或床栽。日本以瓶栽为主,适于进行工厂化生产。我国主要采用袋栽法,具有方便、实用的特点;有些地方采用脱袋覆土床栽或畦栽,能提高单产水平。

杏鲍菇的菌袋制备与金针菇栽培工艺相似。一般采用长 32 厘米、宽 17 厘米、厚 0.05 厘米的高压聚丙烯料袋或高密度低压聚乙烯料袋,培养料按配方比例称好后拌匀,调含水量为 60%～65%,pH 值自然,每袋装干料 250～300 克。料袋高约 15 厘米,料中间打通气孔至袋底。然后在袋口套塑料环,加棉塞封口;用折叠袋口、扎绳封口的方法亦可。装好的料袋应及时灭菌,可采用高压灭菌或常压灭菌。具体装袋、灭菌方法及要求可参照金针菇栽培的有关内容。灭菌后的料袋温度降至 28℃ 以下时在无菌条件下及时接种,接种必须在无菌条件下进行,一瓶原种可接种栽培袋 15～20 袋。具体接种方法和注意事项可参照金针菇栽培的有关内容。

(四)菌丝体生长阶段管理

1. **温度控制** 接种后的栽培袋置发菌室竖直排放在床架上,避光培养,室内温度控制在 22℃～25℃,料温以 25℃ 左右为宜。室内发菌可通过通风换气调节温度;棚室发菌可通过揭盖草帘调节棚室温度,尽量满足菌丝生长对温度条件的要求。

2. **湿度控制** 菌丝生长期间应控制发菌室的空气湿度,一般室内空气相对湿度不超过 60%,否则易发生杂菌,湿度大时应通风降湿必要时可在地面上撒一层石灰粉来降低空气湿度。

3. **通风换气** 发菌期间培养室应适当通风换气,保持空气新鲜,一般每天通风 1 次,每次 30 分钟。栽培量大时应加强通风。高温高湿的季节应加强通风,以降低室内温、湿度。在菌丝生长初期,袋中积累的二氧化碳对菌丝生长有促进作用;但随着菌丝生长量的增加,袋内二氧化碳浓度上升,会抑制菌丝的生长,因而必须经常通风换气。菌袋若是采用扎绳封口的,待菌丝生长达到培养料的一半以上时,要适度松动袋口,以利于料中气体交换,促进菌丝生长。

4. **光线控制** 菌丝生长不需要光线,培养室应保持较暗的条件。培养室应挂窗帘、门帘,棚室应覆盖草帘遮光。

5. **定期翻堆及检查杂菌** 参照金针菇栽培相关内容。

在适宜的条件下,经 30~40 天培养,菌丝可长满培养料。

(五)子实体生长阶段管理

当浓白菌丝长满料袋时,说明达到生理成熟,及时将菌袋搬进菇房或室外荫棚内排放。事先应做好场地消毒,菇房采取架层式排放,每架 5~6 层,层距 50 厘米,底层距地面 30 厘米。野外荫棚也可把地面整成下凹状畦床,借助地温地湿;畦旁竹木条作弓弯,上面盖罩薄膜,菌袋排放于畦床上。排袋后可把长袋穴口上的老菌种块挖掉,促使其定位长菇,短袋者解开袋口拉直袋膜,让菌丝体在袋内空间生长,也可在开口后,向袋内四周的菌丝体上进行"搔菌"。敞口后最好覆盖报纸,喷水保湿,空气相对湿度要求为 80%。催蕾期温度掌握在 15℃~18℃,激发其原基化,催促菇蕾生长。杏鲍菇多数是丛生,如若幼菇出现多丛,可进行疏蕾,摘除多余,去劣留优,保持短袋的 1 丛,长袋的每穴 1 丛或 2 丛,促使形成形美、朵大的菇体。长袋的如若子实体不在出菇位而在袋壁出现的,可在袋壁割膜开穴,让子实体长出。

1. **开袋时间** 杏鲍菇第一潮菇的菇蕾能否正常形成,直接影响到第二潮菇的正常出菇及总产量。因此要准确掌握第一潮菇的开袋时间,以促进杏鲍菇原基的正常形成。

原基形成必须满足两个条件:一是充分积累营养,这是杏鲍菇原基形成的物质基础;二是适宜的环境条件,特别是较低的温度刺激和较高的相对湿度。菌袋接种后,在温度为25℃左右、相对湿度70%左右、光照较暗的培养室内,一般经30~40天菌丝即可长满菌袋。为使袋内菌丝积累足够的养分,必须在菌丝满袋后继续培养10~20天才给予催蕾的条件。由于培养料的性质不同,后续培养的时间要灵活掌握。以木屑、棉籽壳为主料栽培时,培养时间可延长15~20天;以农作物秸秆为主料栽培时,培养时间以延长10~15天为宜。

开袋时间要视当时、当地的气候条件是否有利于原基分化和形成。当气温高于20℃时不宜开袋,以气温稳定在10℃~18℃时开袋最好。气温在10℃~18℃,空气相对湿度保持在85%~90%,有适量散射光,每天要通风2~3次,每次20~30分钟,保持空气新鲜,经8~15天,即可形成原基,并分化成幼蕾。

根据各地生产经验,在菌丝尚未扭结时开袋,则很难形成原基或原基形成很慢,出菇不整齐,菇体经济性状差;在原基形成或已开始形成小菇蕾时开袋,原基分化和菇蕾发育正常,出菇整齐,菇体的经济性状好;如果在子实体已长大时开袋,袋内会出现畸形菇,严重时长出的菇会萎缩、腐烂。因此,袋栽杏鲍菇的开袋时间应掌握在菌丝扭结形成原基,并已出现高1~2厘米的小菇蕾时。开袋时,将袋膜向外翻卷下折至高于料面 2 厘米为宜,或将料面袋膜割去亦可。若料面现蕾过密,要进行疏蕾,每袋保留 1~2 个健壮的菇蕾即可。然后将菌袋竖立摆放在菇床上,袋间要有一定间隙,摆放过密会影响产量。

2. **温度控制** 菇房温度直接影响到原基形成和子实体的正常发育。子实体生长期间,出菇室温度应控制在 10℃ ~ 15℃。温度低于 8℃,原基难以形成;当温度升到 20℃ 以上时,子实体生长速度快,但品质下降,同时小菇蕾停止生长并萎缩,原基也停止分化,因此最适温度应控制在 12℃ ~ 15℃。所以当室温低于 10℃ 时,要注意采取保温措施。可将床架菌袋相对集中,夜晚关闭北面门窗,并加盖保温材料挡风;中午气温高时开南窗通风,以提高室温;室外菇棚还可调节覆盖物的密度,利用阳光来调节棚内温度。室内气温高于 20℃ 时,原基停止分化,幼蕾停止生长,开始萎缩,已分化的子实体生长速度明显加快,品质下降,组织松软,在菇体颈部开始出现发黄和松软现象。尤其是在通风不良的高温高湿环境中,子实体的生活力下降,很容易遭受细菌侵染,使菇体变黄、变粘、腐烂发臭。因此在室温超过 20℃ 时,应及时疏散菌袋,加强通风,室外菇棚要加厚覆盖物,以减少阳光辐射,降低菇房(棚)内温度。

3. **湿度管理** 原基形成阶段,菇房相对湿度要保持在 85% ~ 90%,每天向出菇室地面和空间喷雾状水 2~3 次,湿度过低,难以分化原基,子实体会干裂萎缩并停止生长。当菌盖直径长到 2~3 厘米大小时,相对湿度应控制在 85% 左右,以减少病虫害发生,并有利于延长子实体采后的货架期。当菇房相对湿度降至 80% 以下时,应采用喷雾器向空间、墙面和地面浇水的方法增湿,切勿将水直接喷在菇体上,以免引起子实体黄化萎缩,严重时还会造成污染而引起菇体腐烂死亡。亦可在喷水前用报纸、地膜或无纺布盖住床面,以防止将水喷到子实体上,喷水后再将覆盖物取下。当菇房温度超过20℃时,如果菇房湿度过高,要及时排湿,防止菇体长期处于高温、高湿环境中而致病。

4. **通风管理** 出菇期间应加强通风换气,保持出菇室空气新鲜,菇房要经常通风,要注意排除二氧化碳气体,必须保持良好的通风条件。每天通风2~3次,每次30~40分钟。通风不良子实体难以正常发育而导致畸形菇出现。通风严重不良时,二氧化碳浓度超过0.1%时,小子实体会萎缩并停止生长,然后在已经萎缩的子实体上再分化出畸形小菇成树枝状,不能发育成正常的子实体,会出现畸形菇。再碰上高温、高湿,则会造成子实体腐烂。为使菇体白润,具有品种特色,菇棚上方应遮阳,防止强光直照,菇体变色,适宜光照度为150~200勒,子实体原基形成时以保湿为主,可适度减少通风量。随着子实体生长发育,要相应增加通风次数和延长通风时间,保持菇房空气新鲜。如果菇房通风不良,二氧化碳浓度过高,使子实体生长畸形,小菇蕾出现萎缩和停止生长。特别是在高温、高湿的情况下,更要注意通风。低温季节若床面用薄膜覆盖,每天要揭膜通风1~2次;当菇蕾大量发生时,及时揭去薄膜,并拉直袋口薄膜保湿,并加大通风量。在进行通风管理时,还要防止寒风或干热风直接吹向菇床,以避免温、湿度剧烈波动,对子实体生长不利。

5. **光照管理** 杏鲍菇子实体生长发育需要足够的散射光,适度的散射光是生产优质商品菇必不可少的条件。光照的调节要考虑到菇房内其他环境因素,尤其是温度对子实体生长发育的影响。气温低时,可减少菇棚的遮阳物或开启菇房受光方向的门窗增加光照度,并可提高室温;气温高时,可加厚菇棚的遮阳物或白天关闭受光方向的门窗,并用麻袋、草帘等遮光,傍晚再开门窗通风,也能有效地控制菇房温度,并防止菇房内光照过分强烈。

总之,在袋面菌丝长满培养料后应及时转入出菇阶段管理,创造适宜条件促其出菇。出菇室温度控制在 13℃ ~ 15℃,空气湿度保持在 85% ~ 90%,并给予一定的散射光,经 10 天左右子实体原基可形成,一般经过 10 ~ 15 天就可出现菇蕾。开袋应掌握在当袋内菌丝扭结并现原基以及出现小菇蕾时进行。菌袋开口时间过早会影响出菇量和质量;开袋过迟,袋内子实体已长大,会变成畸形,严重的出现萎缩、腐烂。在管理过程中不能把水喷到菇体上,特别在气温高时,会导致菇体发黄。

(六)采收及采后管理

1. 采收 在适宜条件下,杏鲍菇在现蕾后约 15 天即可采收。当菌盖开张平展、颜色变浅、边缘微内卷、孢子尚未弹射时为采收适期。适当提前采收,菇的风味好,且货架期长。采收的标准应根据市场需要确定:外贸出口菇要求菌盖直径 4 ~ 6 厘米,柄长 6 ~ 8 厘米;国内市场目前尚无严格要求,随着内销市场的扩大,今后也会制定相应的标准。

室内袋栽一般只采收 2 潮菇,采用覆土栽培可采收 3 ~ 4 潮菇。第一潮菇与第二潮菇的间隔时间 15 天左右。第一潮菇产量占总产量的 40% ~ 60%;第二潮菇朵型较小,菇柄短,产量低,质量相对较差。在正常生产情况下,室内袋栽的总生物学效率一般为 60% ~ 70%,高产的可达 80% 以上,但不多见。覆土栽培总生物学效率最高可达 100%,但商品菇的比率并不比室内袋栽高。

2. 加强采收后再生管理　当第一、第二潮菇采收结束后,菌袋失水较多,可采用注水或浸水的方法给菌袋补水。也可在采收第二、第三潮菇后,在料面上覆土,减少培养料的水分蒸发,提高产量。

杏鲍菇从接种到第一潮菇采收,一般在 55～60 天。产量较高,子实体单生或丛生,初期圆形,成熟时菇柄粗长,上下略小,中部肥大,菇盖平展或中间略浮或下凹,表面稍有绒毛。采收时手握菌柄,整朵拔起。采后清理料面残留及环境,停止喷水,生息养菌 5～7 天后,继续喷水、控温、通风,促使再生第二潮菇。第一潮菇采收后要进行菌袋清理,然后搬到菇棚内逐袋摆放在畦床上。畦床宽 1.4～1.5 米,长度视场地而定。床面挖 10 厘米深,横卧式摆放菌袋,用砂壤土覆盖袋面,覆土厚 2 厘米在畦床上罩好薄膜,3 天后每天揭膜通风 1 次,每次1～2 小时,结合通风喷水,保持畦面湿润,一般覆土后 10 天出现菇蕾,15 天即可采收子实体,可连续长两潮菇。实践表明,杏鲍菇袋料覆土栽培,生物转化率可达 100%。

思考题

1. 杏鲍菇子实体管理阶段应注意什么问题?
2. 杏鲍菇采后管理方法有哪些?
3. 杏鲍菇开袋适期如何来确定?

第八章 白灵菇栽培

一、概　述

(一)形态特征

白灵菇是阿魏蘑的商品名称,又名阿魏侧耳。因寄生或腐生在草本药用植物阿魏的根茎上而得名。白灵菇菌丝体较一般侧耳品种更浓密洁白,菌丝粗壮致密,穿透力和抗杂力强。子实体丛生或单生,多为侧耳状,单朵鲜重 50～160 克,最大可达 400 克,菇体洁白;菌盖直径 8～15 厘米,菌肉厚实,中部厚度达 2～7 厘米;菌褶密集,长短不一,奶油色至淡黄色;菌柄粗 4～7 厘米,长 6～10 厘米,实心且上粗下细,偏心生或近中生,表面光滑,白色;盖柄质地脆嫩,菇体较韧,不易破碎。

(二)生理生态特性

1. 营养　白灵菇在自然界中主要发生于伞形花科大型草本植物上,是一种腐生菌,有时也兼有寄生的性质,但其栽培材料比一般的侧耳狭窄得多。经过不断地驯化和改进,可广泛利用棉籽壳、玉米芯、木屑、甘蔗渣等原料栽培。

2. 温度　白灵菇是一种低温型菌类。菌丝生长温度范围为 3℃～32℃,适宜温度为 25℃～28℃。原基形成需低温刺激,以 0℃～13℃最有利,子实体生长发育温度 8℃～20℃,以 13℃～18℃最为适宜,超过 20℃便生长不良。

3. 水分　菌袋培养料含水量应维持在 60%～70%,出菇时,空气相对湿度应保持在 85%~95%,切不可降低湿度。

4. 空气　白灵菇为好气性真菌,其菌丝体及子实体生长都需要新鲜空气,因此在保证温、湿度前提下应尽量通风换气。

5. 光线　菌丝生长不需要光线,在完全黑暗条件下菌丝生长更好。子实体生长发育必须要有散射光线,但切不可有直射太阳光。

6. 酸碱度　白灵菇菌丝在 pH 值为 5~11 范围内均能生长,最适 pH 值为 5.5~6.5。

二、白灵菇栽培技术

(一)栽培季节与场地

栽培季节和接种时间的选择是栽培白灵菇的一个重要的环节,它直接关系到白灵菇产量的高低和品质的好坏,也是成败的关键,与栽培者的经济效益有直接关系。栽培季节应根据白灵菇出菇温度来确定,华北地区一般在 7~8 月份制种,9月份接种栽培袋,11 月份至翌年 4 月份出菇采收。各地气候条件不完全相同,应根据当地具体情况确定栽培季节。

栽培白灵菇场地多种多样,只要能保温保湿、通风透光的场所均可利用,如闲散民房、各种日光温室、地下室、人防地道等。为了增加栽培数量,菇房内可放置多层床架。无论何种场地,均要求干净卫生,并用药物消毒灭菌。

(二)品种选择

目前白灵菇品种大体上是由野生菇体、孢子、寄主分离或杂交获得。要想有效益,必须了解菇体特征,如出售鲜菇则以盖肉肥大,柄粗而短迟熟品种:选 80~90 天出菇的 KW-1 及

90~100 天出菇的 KW-3 菌种为好;初次栽培者最好选择早熟类品种:65~80 天出菇的 KW-4,此品种出菇早、产量高,缺点是品质一般、个体小、菇柄偏长、数量多,适于罐头加工及真空速冻保鲜销售。另外,无论某品种在外地表现如何好,也都要由小规模试种到大面积应用。如果不顾本地条件,不了解品种特性,贸然大面积推广应用是很危险的。

(三)培养料的选择与配制

棉籽壳、木屑、玉米芯等均可作为培养料的主要原料。据有关资料报道,当前用棉籽壳为主料栽培白灵菇产量最高,常用辅料有麸皮、玉米粉、黄豆粉、过磷酸钙、碳酸钙和石膏等。白灵菇的培养料需要充足的氮素营养,添加适量的玉米粉、黄豆粉,可使菌丝生长更加浓密,提高产量,改进菇质。

栽培白灵菇常用配方如下:①棉籽壳 78%、麸皮 20%、石膏粉 1%、蔗糖 1%;②杂木屑 78%、麸皮 20%、蔗糖 1%、碳酸钙 1%,每 50 千克干料加酵母片 25 克、过磷酸钙 250 克;③杂木屑 68%、棉籽壳 10%、麸皮 20%、蔗糖 1%、碳酸钙 1%,每 50 千克干料加酵母片 25 克、过磷酸钙 250 克;④甘蔗渣 78%、麸皮 20%、石膏粉 1%、红糖 1%。

无论选择哪一种配方,栽培料应新鲜、干燥、无杂菌污染,培养料含水量以 55%~60% 为宜。具体拌料方法和要求可参照金针菇栽培的有关内容。

(四)装袋、灭菌与接种

1. 装袋灭菌　选定培养料配方,加水拌料后装袋,用 18 厘米×35 厘米×0.03 厘米或 22 厘米×45 厘米×0.02 厘米的聚丙烯塑料筒装袋,料装至袋长 5/6 处,用捣木从上向下扎 1 个孔洞,袋口套 3.5 厘米的项圈,圈口用 2 层牛皮纸包扎,常规灭菌,其他具体要求及注意事项可参照金针菇栽培的有关内容。

2．接种　接种要严格按无菌操作规程。挖去菌种瓶(袋)内表层2厘米厚的老化菌种,平放备用,将料袋直立,打开袋口,从菌种瓶(袋)内挖取红枣大小菌种一块,迅速放入袋内,轻轻压实后扎口,然后倒过料袋用同样的方法接种、扎口。袋口不可扎得太紧,以免因不通气影响发菌。一批料袋应1次接完,中间不要随便开箱门,接种好的袋运出后,清理工具、杂物,打扫卫生,装入下批料,重新消毒后继续接种。

(五)发菌期管理

接种后将菌袋单码摆放在经消毒过的干燥室内发菌,低温季节可采用双码摆放,一般摆4～6层,室温要求22℃～25℃,湿度70%以下,暗光培养。2周左右进行第一次翻堆检查,挑出污染袋。接种后3～4周菌丝生长快,呼吸旺盛,此时要适当松动一下袋口绳供氧,或用灭菌牙签在袋口周围扎孔增氧,并注意室内通风降温。袋温最好保持在25℃左右,最高不得超过28℃,以免造成烧菌。5周左右,菌丝基本发满袋,可进行第二次翻堆,将菌丝已长满的和未长满的分开摆放管理。发满的菌袋不会立即出菇,要在袋温15℃～18℃、相对湿度在70%左右、空气新鲜的环境中继续培养30～40天,当菌丝浓白,菌袋坚实,达到生理成熟时进行催蕾出菇。

(六)栽培方式

北方的北京、天津、河北等省、市及中原的河南、山东等省多为短袋,日光棚露地摆袋栽培或像平菇一样叠袋墙式栽培;南方的福建、浙江、江西、湖北等省采用菇棚畦床栽培,或长袋室内架层立体栽培。下面介绍几种栽培出菇方式:

1．日光温棚露地栽培　将生理成熟的菌袋,搬进日光棚内,立式摆放于畦床上。日光温室冬季长菇保温性能强,空气湿度大,是现行北方最适用的栽培模式。

2. **畦床摆袋覆土栽培**　将生理成熟的菌袋移入菇棚内,摆放于事先整理并消毒的畦上,揭开袋口,去掉套环并反卷,排袋形成菌床。在菌床上面覆盖2~3厘米厚的菜园土,有利于刺激产生原基,其操作方法与平菇等覆土栽培相同。

3. **室内架层立体栽培**　短袋的采取立式摆放于架床上,长袋的以卧式摆放于架层横杆上,将接种穴口向上,袋间距2~3厘米。每20平方米的房间设8~10层,可摆放短袋4 000~6 000袋或长袋3 000袋。

4. **野外菌棚斜袋栽培**　白灵菇露地排筒方式,把菌袋斜靠于畦床的排袋架上。畦床上罩好薄膜。野外空气好,光照自然,温差大,除干燥天外,一般不喷水,子实体生长正常,畸形菇很少,是南方现行白灵菇高产、优质最为理想的栽培模式。

(七)后熟培养

白灵菇菌丝长满袋后不能立即出菇,此时菌袋松软,菌丝稀疏,必须温度在20℃~25℃、相对湿度70%~75%的环境下再培养30~40天,达到菌丝浓白,菌袋坚实,生理成熟,这个过程称为菌丝后熟。菌丝后熟后才能正常出菇。若后熟期温度太低,则后熟培养时间要延长,否则不会现蕾出菇。后熟培养期间,注意培养基含水量,不要打开袋口,后期培养有一定光照刺激,菌丝即开始扭结。

(八)搔　菌

后熟养菌30~40天,当菌丝浓白,并形成菌皮时,开始搔菌。先打开封口圈牛皮纸,用小耙将套圈内表面形成的菌膜或残存老化的菌种块清除,再套上牛皮纸,恒温18℃下培养3~5天。

(九)催 蕾

白灵菇恒温培养 3 天,菌丝恢复生长后要进行催蕾处理,给于 800~1 500 勒散射光,提高空间相对湿度到 80%以上,还应采取降温措施。白灵菇属于变温结实型的菌类,温差较大,现蕾越早,菇蕾发生越多。人为拉大昼夜温差,即白天把菌袋盖上塑料薄膜,温度保持在 15℃~18℃,夜间 12 时以后气温下降时揭开菌袋覆盖薄膜,让冷空气袭击,温度保持在 2℃以上,菌袋最低温度不低于 0℃,最高不可超过 18℃,这样日夜温差可达 10℃以上。连续进行 10~15 天的温差刺激,套圈内培养基表面就会出现白色圆米粒原基。

(十)出菇管理

白灵菇由原基出现到子实体发育成熟,在室温环境条件下需 12~16 天,在管理上分 3 个不同时期:

1. **子实体发育期** 为确保养分集中长好优质菇,当形成的菇蕾约花生大小时,要进行疏蕾,对丛生的选优去劣,摘除多余的菇蕾。短袋 1 袋留 1 朵,选蕾控制的同时剪掉袋口薄膜,让菇体更好地接触空气。长袋按接种穴定位,每穴保留 1 朵,多余的去掉。疏蕾后进入出菇管理,料温控制在 12℃~15℃。菇棚温度高于 20℃,则不利于菇蕾发育和出菇,甚至死亡;若温度低于 10℃,虽然菇蕾已形成,但生长缓慢,气温低于 3℃,菇蕾停止分化,不利于菇体生长或死亡,空气相对湿度 85%~90%为宜。白灵菇生长期一般不向菇体上直接喷水,气候干燥时,可在空间喷雾状水,或在地上泼水增湿。如果达到上述要求,菇体会发育正常,肥厚,菌柄短,色洁白;否则菌柄长,形态变异。

2. **子实体成熟期** 约经 3~4 天菇蕾长到半个乒乓球大小时,空气相对湿度 90%~95%,气温控制在 12℃~16℃。

加大通风并保证菇房内有充足的新鲜空气。增强光线,必须在 500～1 200 勒光,最好是在 800 勒光以上。只要做到通风好,光照强,有一定温差,此时出菇,菌盖肥盖特大,柄短,质密,品质优良,否则易出高脚菇。子实体五成熟时,温度达 20℃以上,已形成子实体萎缩、变黄、最后死亡。

3. 子实体采收期 从接种到采收,因菌种不同,菌龄长短不一,一般需 90～120 天,无论是哪一种菌株,从米粒状原基出现到子实体成熟,在适温条件下,一般约需 15 天左右,当白灵菇菌盖充分展开,边缘尚保持内卷,以菇体 7～8 分成熟时采收最佳。采完一潮菇后,在温度 20℃条件下培养 20 天,在菌袋上没出过菇的地方或菌袋的另一头搔菌 2.5 厘米深,再在温度 18℃条件下培养 5 天,后采用上述方法催蕾 15～20 天,即可出第二潮菇。采用上述方法可以多采一潮菇,增产 30%以上。

(十一)加 工

白灵菇适宜于鲜销,其口感、味道都极佳。采收后的鲜菇,清除柄基部的杂物后,单朵用保鲜纸包扎装箱销售。由于白灵菇质地细密,含水量低,个头大,肉质厚,也可远距离运输。如果冷藏温度不够,鲜菇易产生异味,应多加注意。白灵菇不易变色,很适合切片加工,纵切和横切之后,在温度 45℃～75℃的烘箱内烘干,可以制成名优特产——白灵菇干片。

思考题

1. 白灵菇后熟培养应注意什么问题?

2. 白灵菇出菇所需要的条件和管理方法有哪些?

第九章 食用菌病虫害防治

随着食用菌周年生产的实行和栽培规模的日益扩大,病虫害已成为食用菌生产中非常突出的问题。其防治必须坚持"以防为主,防重于治"的原则,努力改善食用菌的栽培环境,减少和杜绝病虫的发生,建立以生态防治为主、化学防治为辅的综合防治体系,以确保食用菌生产的高产、优质和高效。

一、主要病害及其防治

食用菌的病害主要包括竞争性杂菌、真菌性病害、细菌性病害和病毒性病害等。其中危害最多的是竞争性杂菌。

(一)竞争性杂菌及其防治

竞争性杂菌,简称杂菌,其特点是污染培养基质,在基质上与食用菌菌丝竞争生长,争夺养分和生存空间,并抑制食用菌菌丝生长,导致菌种制作失败和栽培减产,甚至绝收。

1. 常见的杂菌种类及特征

(1)细菌 细菌个体极小,需放大1 000倍左右才能看到;但大量细菌聚集在一起形成的菌落明显可见,菌落的形状、大小和颜色各异,有些菌落无色透明,仅在表面呈湿润的斑点或斑块,有些菌落明显呈脓状,多为白色和微黄色。常污染菌种,尤其是母种,致使斜面上的菌丝不能正常伸展;在栽培中主要污染生料栽培的种类,使培养料粘湿、色深并伴有腐臭味,食用菌菌丝不能正常生长。

(2)酵母菌 酵母菌是一类单细胞真菌,圆形或卵圆形,个体比细菌大，酵母菌菌落与细菌的菌落相似，但比细菌菌落大而肥厚，多为圆形，有粘稠性，不透明，多数乳白色，少数粉红色。可污染各级菌种和栽培袋，尤以母种培养基上最为常见，其他的培养基质被酵母菌侵染并大量繁殖后，会发酵变质，散发出酒酸气味，食用菌菌丝不能生长。

（3）放线菌　在母种培养基上，放线菌菌落表面多为紧密的绒状，坚实多皱，长孢子后就呈粉末状，并伴有难闻的"土腥味"。主要污染菌种和熟料栽培的种类；放线菌通常不会大范围污染，而是个别瓶、袋出现异常，菌丝体成团、成束，浅灰色或浅白色，稀疏，生长快。

（4）霉菌　霉菌是一类单细胞或多细胞的丝状真菌，菌丝白色，较粗壮。随着生长，因种类不同逐渐产生青色、青绿色、褐色、黑色、黄绿色、红色、橙红色的分生孢子或孢子囊，表现出各种颜色。霉菌与食用菌生活条件类似，而且分布广泛，是危害最大的一类杂菌，一旦发生，很难除治。常见的种类有青霉、木霉、曲霉、毛霉、根霉、脉孢霉和镰刀菌等。

2．杂菌污染的原因及防治措施

（1）料瓶（袋）制作不当　如原材料受潮发霉；培养料含水量过大，压得过实；或料袋扎口不紧等。因此，防止杂菌污染要选择新鲜、干燥、无霉变的培养料，用前暴晒 2～3 天；含水量要适宜，料要拌匀；当天配料要当天分装灭菌；容器口处要擦干净。另外，生料栽培时，可加入 1%～2% 的石灰来提高培养料的 pH 值；为了降低杂菌基数，培养料还要充分发酵，并可加入适量的克霉灵、多菌灵等杀菌剂。

（2）培养基质灭菌不彻底　往往是由于灭菌时间或压力不够；灭菌时装量过多或摆放不合理；或高压灭菌时冷空气没有排净等。因此要保证灭菌的压力和时间；装量不能太满，容器之间要留有孔隙以便蒸汽流通。

(3)菌种带杂菌 此类污染往往规模较小,污染的杂菌种类也比较一致。防治方法是菌种用前要严格检查,选用无病虫害、生活力强、抗逆性强的优良菌种。

(4)接种操作中污染 主要是由于接种场所消毒不彻底;或接种时无菌操作不严格。因此,制种或熟料栽培时要严格无菌操作,接种动作要迅速准确,防止杂菌侵入。

(5)培养过程中污染 培养室环境不卫生、高温、高湿、通风不良、棉塞受潮等均可引起培养料污染。因此,要选择地势高燥、水源清洁、远离禽畜舍等污染源的场所作菌种场和栽培场地;培养室和出菇室用前要严格消毒,培养过程中要加强通风换气,严防高温、高湿;定期检查,发现污染及时处理。

(6)破口污染 灭菌操作或运输过程中不小心,使容器破裂或出现微孔;或由于鼠害等使菌袋破损而造成污染。防治方法是装袋绑口时冷空气要排净,防止胀袋;同时运输容器内要垫上报纸或布,避免毛刺扎破塑料袋等。

(二)真菌性病害及其防治

1. 常见的真菌性病害

(1)褐腐病 又称白腐病、湿泡病,主要危害蘑菇、草菇、平菇等。只感染子实体,不感染菌丝体。子实体受到感染时,表面出现一层白色绵毛状病原菌菌丝,菌柄肿大成水泡状畸形,进而褐腐死亡。病菌孢子主要通过人体、害虫、工具或喷水等渠道传播。出菇室高温、高湿、通风不良时发病严重。

(2)褐斑病 又称干泡病、黑斑病,主要危害蘑菇、平菇。对子实体具有很强的感染力,蔓延很快,病菌菌丝能侵入子实体的髓部,使菌柄异常膨大并变褐,而菌盖发育迟缓,子实体呈畸形而僵化;菌盖上还产生许多不规则的针头大小的褐色斑点,以后斑点逐渐扩大并凹陷,凹陷部分呈灰色,充满分生孢子,但菇体不腐烂、无臭味,最后干裂枯死。

(3)软腐病 又称蛛网病、湿腐病,主要危害蘑菇、平菇和金针菇等。发病时,培养料上先出现一层灰白色绵毛状病原菌菌丝,菌丝迅速蔓延,并变成水红色,食用菌菌丝因缺乏氧气和受病原菌分泌物侵染而失去活力,此后很难出菇。病原菌菌丝接触子实体后,绵毛状菌丝会逐渐覆盖整个子实体,并首先从菌柄基部侵入,向上延伸至菌盖,被害处逐渐变成淡褐色水渍状软腐,手触即倒。病菌通过覆土、水滴、虫类、人体及气流传播,在空气相对湿度过大,覆土层或培养料过湿条件下易发病。

另外还有蘑菇、平菇的褐霉病、猝倒病等。

2. 真菌性病害的防治措施

第一,出菇室应安装纱门、纱窗,出菇室、床架及用具等用前要严格消毒,彻底杀灭病菌及传播病菌的害虫。

第二,覆土要消毒。可用5%甲醛溶液或0.1%多菌灵喷洒、熏蒸或进行巴氏消毒(60℃~70℃)1小时。

第三,培养料要经后发酵处理或进行巴氏消毒,或喷洒500倍的多菌灵或甲基托布津药液。

第四,栽培季节要选好,第一潮菇出菇期避开25℃以上的高温。

第五,栽培过程中发病,应停止喷水,加强通风,降温、降湿,并在病区喷1%~2%的甲醛溶液或500倍多菌灵药液2~3次;若发病严重,应及时销毁病菇,并清理料面或覆土,喷洒药液后,更换新的覆土材料再喷药。

(三)细菌性病害及其防治

1. 常见的细菌性病害

(1)细菌性褐斑病　又称细菌性斑点病、锈斑病,主要危害蘑菇和平菇。病菌只侵染子实体的表皮组织,不危害菌肉。被感染后,菌盖表面出现小的圆形或椭圆形褐色(铁锈色)凹陷斑,在潮湿条件下,病斑表面有一薄层菌脓,发出臭味,当斑点干燥后,菌盖开裂,形成不对称的子实体。菌柄上偶尔也发生纵向凹陷斑块,但菌褶很少感染。培养料、覆土材料以及不洁的水中均有病菌潜伏,通过人体、气流、虫类和工具等渠道可广泛传播。常在春菇后期,逢高温高湿、通风不良,特别是菌盖表面有水膜时发生。

(2)干腐病　又叫干僵病,主要危害蘑菇。发病的子实体畸形,菌柄基部稍膨大,菌盖歪斜,呈苍褐色,生长缓慢或停滞;病菇不腐烂,而是逐渐萎缩、干枯僵硬。土壤、气流、水滴、人体、害虫和工具都可传播此病菌。干腐病多在秋菇上发生,在潮湿的菌块上发生严重。

(3)平菇细菌性腐烂病　发病初期在菌盖或菌柄上出现淡黄色水渍状病斑,高湿条件下病斑迅速扩展,最后腐烂,并散发出恶臭气味。病菌生活在土壤或不清洁的水中,培养料也可带菌,主要通过管理用水污染子实体。高湿条件有利于发病。

2. 细菌性病害的防治措施

第一,菇棚、床架、用具等要用2%的漂白粉或五氯酚钠等彻底消毒,尤其原发病害较重的菇棚。

第二,培养料和覆土材料应按要求进行发酵或消毒。

第三,使用清洁水源,喷水后加强通风,降温、降湿,避免菌盖表面长时间存有水膜。

第四,发现病菇及时摘除,并在料面撒一层石灰粉,或用每毫升含 100~200 单位的农用链霉素或 600 倍的漂白粉液每 2 天喷 1 次;发病较重时,先清理料面或覆土后再喷药。

(四)病毒性病害及其防治

病毒具有很强的侵染性,因体积极微小而能通过细菌过滤器。主要危害蘑菇、香菇、平菇、银耳等食用菌。病毒感染会使培养料中的菌丝退化,产生各种畸形菇,造成严重减产。病毒通过带毒的孢子或菌丝体之间的连接传播,危害严重;气流、昆虫、工具等都能传播带病毒的孢子。其防治措施为:一要选用耐(抗)病毒的优良品种;二要保持出菇室卫生,安装纱门、纱窗,防止害虫传播病毒。用后及时清除废料,并彻底消毒。出菇室、床架、器具等用前可用 2%的甲醛溶液消毒或进行巴氏消毒 1 小时;三要培养料进行后发酵处理或巴氏消毒;四要发现病毒的菇棚,必须在子实体散发孢子前及时采收,防止病毒通过孢子传播。

二、主要虫害及其防治

为害食用菌的害虫主要有昆虫、线虫、螨类及软体动物等,应针对害虫发生原因,采取相应的防治措施。

(一)菌 蚊

又名菇蚊、菌蛆等,为害平菇、凤尾菇、蘑菇、草菇、木耳、银耳、香菇、猴头菌等多种食用菌。幼虫蛆状,乳白色,肉眼可见,可取食培养料、菌丝体和子实体,造成菌丝萎缩,影响发菌,使菇蕾、幼菇枯萎死亡,子实体上形成许多蛀孔。成虫为黑褐色小蚊,有趋光性,活动性强,不直接为害;卵产在培养料的表面、缝隙或子实体上,3~5 天即可孵化为幼虫。防治方

法为:

1. **搞好出菇室内外环境卫生** 安装纱门、纱窗,防止成虫飞入;及时清除废料,并作肥料或饲料处理,以减少下季虫源;使用前要彻底熏蒸消毒,每100立方米空间可用福尔马林1升,敌敌畏1.5千克,密闭熏蒸1~2天,或用硫黄(5克/立方米)多点烟熏,密闭48小时,过1~2天使用。

2. **培养料处理** 培养料要进行堆积发酵,二次发酵处理后杀灭效果更好。

3. **人工捕捉** 初发时,可进行人工捕捉,集中杀灭。

4. **灯光诱杀** 利用菌蚊成虫的趋光性和趋味性,在菇房安装黑光灯或白炽灯,灯下置一盆废菇液,盆内加入几滴敌敌畏或松节油,诱集成虫并杀死。

5. **药剂防治** 不同时期应采用不同的药剂进行防治。出菇前有菌蛆大量发生,可用喷有800倍敌敌畏药液的报纸覆盖培养料进行熏蒸,24小时后揭除;出菇后有菌蛆为害时,用药一定要小心,可喷0.1%的鱼藤精或150~200倍液的除虫菊酯等低毒农药,此外还应加强通风,调节棚内温、湿度来恶化害虫生存环境,达到防治目的;在采完一潮菇后,可用0.6%的敌敌畏、0.1%的鱼藤精或2.5%溴氰菊酯或20%杀灭菊酯乳剂2 000~3 000倍液喷洒菇房四壁、地面和床架杀虫。

(二)菇 蝇

又名粪蝇,菇蛆,主要为害双孢菇、凤尾菇、平菇、银耳、木耳等。幼虫为白色半透明小蛆;成虫为黑色或黑褐色小蝇,白天活动,行动迅速,不易捕捉。其幼虫的危害与菌蚊类似,成虫不直接为害,但会携带大量的病原孢子和线虫、螨类,是病害的传播媒介。防治方法可参照菌蚊的防治。

(三)螨 类

为害食用菌的螨类统称菌螨,其中以蒲螨类和粉螨类的为害最为普遍和严重。螨类个体很小,分散时难发现,但繁殖力极强,一旦侵入,危害极大。菌种制作以及双孢菇、草菇、香菇、平菇、金针菇、猴头菌、黑木耳、银耳等栽培过程中都会发生菌螨为害。它们直接取食菌丝,造成接种后不发菌,或发菌后出现"退菌"现象;子实体阶段,菌螨可造成菇蕾死亡,子实体萎缩或成为畸形菇、破残菇,严重时,子实体上上下下全被菌螨覆盖,污损子实体,影响产品品质和加工质量;它们还为害仓贮的干制菇、耳;菌螨还会携带病菌,传播病害。螨类喜温暖湿润的环境,主要通过培养料、菌种或蚊蝇类害虫传播。防治措施包括:

1. **培养室及出菇室周围的环境要卫生** 要远离培养料仓库、饲料间及鸡棚等,以杜绝菌螨通过培养料侵入的机会。

2. **培养料处理** 提倡进行后发酵处理,可较彻底地杀灭螨类;用2%的二嗪农药粉拌料,密闭1~2天,以杀死卵及成螨;或者当料温升高,菌螨受热爬到料面时,用50%敌敌畏800~1000倍液或20%三氯杀螨醇800~1000倍液喷杀。

3. **出菇室消毒** 出菇室应经常保持洁净,使用前每100立方米空间用1千克敌敌畏和1千克福尔马林进行密闭熏蒸,杀虫灭菌,杜绝虫源。

4. **菌种检查** 要严格检查菌种,避免菌种带螨。可用放大镜检查瓶口周围,如发现菌螨,菌种切不可使用,需用高温杀灭后废弃;其余尚未发现菌螨的菌种,需在播前一二天将棉塞蘸一下50%敌敌畏药液,并立即塞好,以熏蒸杀死菌螨。

5. **发菌期药剂防治** 发菌期间,如发现菌丝有萎缩现象,需用放大镜仔细检查,发现菌螨后要及时喷药杀灭,喷药宜在室温较高、菌螨多集中在料面时进行。可用 0.5% 的敌敌畏全面喷洒料面、床架、墙壁及地面，密闭熏蒸 18 小时；如仍有菌螨，需再喷 1 次，但每次用药量不宜过大，一般不超过 450 克/平方米，至多喷 2~3 次，以免引起药害。

6. **出菇期防治**　子实体生长期不可喷药，为害较轻时，可利用糖醋药液或肉骨头诱杀，或在一潮菇采收后处理；如菌螨为害严重，可停止出菇管理，用敌敌畏密闭熏蒸菇房。

(四)线　虫

线虫主要为害蘑菇、草菇、木耳、银耳、香菇、平菇、凤尾菇等食用菌，严重影响其产量。线虫是一种体形细长(长约 1 毫米，粗 0.03~0.09 毫米)，两端稍尖的线状小蠕虫，肉眼看不到。虫体多为乳白色，成熟时体壁可呈棕色或褐色。线虫的繁殖能力很强，依靠虫体的蠕动前行，活动范围很小；喜潮湿，不耐干燥，它的活动、繁殖和为害都需要水膜存在，条件不利时处于休眠状态。线虫分布广泛，土壤、培养料以及污水中都有线虫的存在；未经严格消毒的老菇房、床架等都可能有线虫的存活。可通过人体、工具、昆虫或喷水等进行传播。

线虫主要通过吸食菌丝体，为其他病虫害的入侵创造条件，诱发多种病虫害交叉感染。线虫吸食菌丝体后，使菌丝萎缩死亡而出现"退菌"现象；如出菇早期受线虫为害，菇床上常表现为局部小菇不断萎缩死亡并腐烂，严重时形成无菇区；线虫还是病毒病及螨类的传播介体。其防治方法包括：

1. **搞好出菇室卫生，并控制好环境条件**　消灭各种媒介害虫，出菇期间要加强通风，防止菇房闷热、潮湿。

2. **培养料处理**　培养料需后发酵处理，以彻底杀死线虫及虫卵；控制好培养料的含水量，防止培养料过湿。用于平菇等栽培的生料，可用 2% 石灰水浸泡 24 小时杀灭线虫；拌料时,喷洒 500 倍的敌敌畏溶液,堆闷 8 ~ 12 小时后散去药味再接种,或用甲基溴熏蒸,用量为 600 毫克/立方米,25℃下 3 小时可杀死休眠期线虫。

3. **耳木处理**　段木栽培时,可用 1%石灰水(上清液)或 5%的食盐水喷洒耳木,每隔 10 天喷 1 次;或在地面上撒施石灰。

4. **覆土材料处理**　覆土最好进行巴氏消毒,也可在使用前 1 周用敌敌畏或甲基溴熏蒸。

5. **使用洁净水源**　拌料和管理用水要使用自来水或洁净的井水、河水,防止用线虫污染的水喷在菇床、段木上。如水源不洁,可加入适量明矾沉淀净水,除去线虫。

6. **药剂防治**　如发现菇床局部受线虫侵害,应先将病区周围划沟,与未发病部分隔离;然后病区停水,使其干燥,也可用 50 ~ 80 毫克/升的硫化锌、1%的醋酸或 25%的米醋喷洒。

思考题

1. 竞争性杂菌的种类及其防治措施是什么?

2. 常见的害虫种类及其防治措施是什么?

第十章 食用菌贮藏与加工

新鲜菇类营养丰富,含水量高,组织脆嫩,在采收和贮运过程中极易造成损伤,受各种微生物侵染,引起变色、变质或腐烂。为了减少损失,提高效益,满足人们日常生活和国家出口创汇的需要,收获后采用适当的贮藏加工技术,对延长食用菌的上市时间,增进产品风味,缓和市场供应的淡旺季矛盾等都很重要。

一、贮藏保鲜技术

鲜菇老化变质的速度,主要取决于食用菌的种类和外界环境条件。香菇、平菇、金针菇等较易贮藏,而新鲜草菇、鸡腿菇、双孢菇等较难存放。就环境条件而言,温度、气体、湿度等条件均影响其贮藏时间。

保鲜是指采用物理或化学的方法,使鲜菇的分解代谢处于最低状态,借以延长贮藏时间。保鲜过程不能使鲜菇完全停止代谢,因此,不能长期保存。目前生产上常采用的贮藏保鲜技术有冷藏、气调贮藏、辐射保鲜和化学药剂保鲜等。

(一)准备工作

为了提高保鲜效果,节省保鲜费用,必须做好适时采收,及时整理和初步分级等准备工作。

1. 适时采收　采收鲜菇是保鲜和加工的最初环节。提倡适时采收,轻拿、轻放、轻装;同时,采收前2~3天应停止喷水或少喷水,以利于鲜菇的贮运或加工。

2. **整理分级**　采收后及时整理鲜菇,清除菇柄或耳蒂上的杂物,并按商品要求剪去部分菌柄或耳蒂,检出破损菇、过熟菇和病虫害侵染的菇体,以符合买方要求和有利于贮藏加工为原则;然后按市场要求或订货单质量标准挑选分级,为保鲜、加工等提供合格原料。

(二)保鲜方法

1. **冷藏保鲜法**　利用低温降低代谢速度,抑制酶活性及微生物活动,达到保鲜目的,是一项常用的保鲜技术。中低温型菇用0℃～6℃,草菇用15℃～20℃贮存,此法适用于长途运输或短期保存各种鲜菇,保鲜期长短因温度、种类而异。包装容器可以用符合食品卫生标准的竹筐、柳条筐、瓦楞纸箱、塑料盒(筐)等,常用设备有冰箱、冷库、冷藏车等。应注意冷藏温度一旦选定,要避免温度波动,特别是长时间大幅度的温度波动;经低温处理后的菇体恢复到室温后应尽快食用或加工。

2. **辐射保鲜法**　通过1～6千戈辐射剂量的钴60(^{60}Co)-γ射线辐射处理,抑制呼吸系统酶的活性,杀灭微生物,达到保鲜目的;不同菇类使用不同的辐射剂量。包装容器用多孔聚乙烯保鲜袋,外套牛皮纸袋或瓦楞纸箱。保鲜对象为各种食用菌,尤其适用于双孢菇和草菇。辐射处理与低温贮藏结合,贮藏时间更长。

3. **化学药剂保鲜法**　利用化学药剂改变菇体溶液浓度或酸碱度,降低生活力,防止微生物侵染,达到保鲜目的。常用化学药剂有0.01%～0.07%的焦亚硫酸钠($Na_2S_2O_4$)溶液和0.6%的食盐(NaCl)水溶液,注意一定要使用安全、可食、允许浓度的药物。如蘑菇可用0.6%的盐水浸漂10～15分钟,沥水后晾干,装入保鲜袋,在25℃下可保存3～5天。包装容器有木桶、塑料桶或塑料袋,忌用铁器盛装。保鲜对象为蘑菇、草菇、金针菇等。

4.气调保鲜法 通过调节空气组分及其比例,抑制机体的呼吸代谢和病原微生物活动,以延缓产品后熟、老化和腐败变质进程,达到保鲜目的。低温气调保鲜效果最佳,但所需设备复杂,费用较高。如生产中利用1%～3%的氧气和10%～25%的二氧化碳气调环境,配合低温贮藏蘑菇,能有效地阻滞蘑菇腐败和后熟进程,从而延长蘑菇的保鲜时间。各种菇类气调贮藏时适宜的气体指标,因种类、品种、贮藏温度、时间等而异。气调保鲜适合于各种食用菌,尤其是商品价值较高的种类。所用的主要设备是气调冷库或气调保鲜机。

另外,还有减压贮藏、电磁处理等保鲜方法。

二、食用菌加工技术

食用菌除部分鲜销外,大部分用于加工,这样可以大大延长产品的保存供应时间,又耐运输,可以不受生产季节和地域的限制。同时,食用菌加工品还是我国传统的出口产品,在农副产品出口创汇中占有重要地位。目前,生产上常用的食用菌加工方式有干制、盐渍、糖藏、罐藏和速冻等技术。

(一)干制加工法

食用菌干制的原理在于使菇体中的水分减少,而将可溶性物质的浓度增加到微生物不能利用的程度。同时,食用菌本身所含酶的活性也受到抑制,产品得以长期保存。干制是最简单而成本又低的一种加工方式,并能较好地保持食用菌产品的原有风味,在生产上应用广泛,大多数食用菌产品都可制成干品,如香菇、木耳、银耳、草菇、竹荪、双孢菇等。食用菌干制品的含水量一般要求在13%以下,影响干制过程的主要环境因素是温度、湿度和通风。常用的干制方式有晒干和烘干两种。

1. **晒干法** 利用阳光使新鲜食用菌失水干燥,简便易行,成本低。晒干时,要将鲜菇、鲜耳薄薄地摊在苇席或竹帘上,在通风处暴晒制成干品。晒干菇体要求能连续晒1.5~2天为好,期间要勤翻动。通常晒干品含水量比烘干品稍高,要及时做好包装防潮工作。晒干法的缺点是干燥速度慢,产品的质量较低,而且易受天气影响。

2. **烘干法** 烘干通常采用炭火、蒸汽、电烤炉、微波或远红外线等人工热源,在烘箱或烤房中将鲜菇脱水干制。烘干不受天气条件限制,时间短,烘出的产品具特有的芳香,品质较好;但烘干需要一定的设备及成本。方法是:菇体清洁去杂,最好先在阳光下晒半天,然后送进烤房进行烘烤处理。进房时温度约35℃,然后每隔3~4小时升温5℃,升至65℃时恒温1小时即可烘成干品,及时做好防潮包装工作。

多数食用菌产品清理后即可烘烤,但有些种类需经特殊处理。草菇烘烤前一般先用锋利的不锈钢刀或竹片刀纵剖成两半,仅留下菌柄基部相连,然后把切口平摊在烤盘上烘烤。新鲜蘑菇通常用切片机纵切成2~3毫米的薄片,不重叠地平摊烘烤。新鲜金针菇则先洗净,上蒸笼蒸10分钟,然后小心地整丛取出摊在烘盘上烤干。

(二)盐渍加工法

食用菌产品的盐渍是利用高浓度食盐所产生的高渗透压使得食用菌体内外所携带的微生物脱水,处于生理干燥状态,无法活动,从而达到长期贮藏的目的。在盐渍时往往加入柠檬酸使产品呈酸性环境,能大大增强食盐的保藏作用。生产上进行盐渍的食用菌种类有蘑菇、平菇、滑菇、猴头菌、鸡腿菇等。下面简单介绍其工艺流程：

1. **漂洗**　洗除菇体表面泥屑杂物。

2. **杀青**　漂洗过的食用菌及时捞起，放在沸水中预煮。煮制前，将配好的10%的盐水放在不锈钢锅或铝锅中旺火煮沸，再放入食用菌。一般每100千克盐水放30~40千克菇。旺火煮5~10分钟，煮到菇体剖开无白心为度。然后捞起菇体，沥去水分，转入一系列冷水缸(池)中迅速降至室温，凉透菇心后，捞出沥干。

3. **腌制**　沥干水分的菇体先放到浓度为15%~16%的盐水中腌制，3~4天后，转入23%~25%的饱和盐水中继续腌制，盐水浓度必须控制在20%以上，若不足应及时补盐使浓度上升。约20天盐渍完毕。

4. **装桶**　将腌制好的菇体捞起装桶(专用塑料桶)，倒入饱和食盐水，使菇体完全浸没在盐液中，然后加入总重量0.4%的柠檬酸调节酸度至pH值为3.5。再在表面撒一层精盐封顶，密封后即可作为成品盐水菇贮运销售。

(三)罐藏加工法

鲜菇经一系列处理后，装入特制容器内，如金属罐或玻璃罐等，经过抽气密封后，加热灭菌，便成罐藏品，能较长时间保藏。大多数食用菌都可以加工成罐头，商业上主要有双孢菇、草菇、猴头菌、银耳、金针菇等。现以双孢菇为例，简单介绍食用菌罐头的加工工艺。

1. **原料验收**　按规定标准验收原料。

2. **清洗和护色**　为防止蘑菇氧化褐变，通常用0.03%~0.05%的焦亚硫酸钠护色。

3. **预煮**　将蘑菇倒入池中清水漂洗15分钟左右。然后预煮杀青,流水冷却。

4. **分级** 冷却后的蘑菇送入圆筒式分级机进行分级,使罐头内的蘑菇大小均匀。分级后立即进行整理挑选。

5. **配汤、装罐** 蘑菇罐头配汤的目的是为了防止氧化,延长保藏期,同时增加风味。容器清洗消毒后,按照罐头标准加入适量的蘑菇和汤汁。

6. **排气、封口** 排气的目的是排除罐内空气,防止罐内好气微生物的活动;密封可以使蘑菇与外界隔绝,达到长期保存不变质的目的,封口一般在自动真空封口机中进行。

7. **杀菌、冷却** 封口后应立即杀菌,以防微生物的繁殖。

8. **揩听、保温、检验、包装出厂** 冷却后,从灭菌锅中搬出罐头,揩去表面水珠后送到37℃的保温库中保温7天。然后抽样化验,进行感官、化学和微生物检验。

另外,还有食用菌的糖藏加工法。近年来,科研人员在开发利用菇柄和残次菇体方面,研制出了香菇松、菇味汤料等产品,实现了变废为宝的飞跃。在浸提食用菌特殊成分方面,研制出了帮助人类摆脱多种疾病困扰的真菌多糖类药物等。

思考题

1. 食用菌常用的贮藏保鲜技术有哪几种?

2. 食用菌常用的加工技术及其工艺流程各是什么?

金盾版图书,科学实用,
通俗易懂,物美价廉,欢迎选购

园林花木病虫害诊断与防治原色图谱　40.00
绿枝扦插快速育苗实用技术　10.00
杨树团状造林及林农复合经营　13.00
杨树丰产栽培　20.00
杨树速生丰产栽培技术问答　12.00
长江中下游平原杨树集约栽培　14.00
银杏栽培技术　6.00
林木育苗技术　20.00
林木嫁接技术图解　12.00
常用绿化树种苗木繁育技术　18.00
茶树高产优质栽培新技术　8.00
茶树栽培基础知识与技术问答　6.50
茶树栽培知识与技术问答　6.00
有机茶生产与管理技术问答(修订版)　16.00
无公害茶的栽培与加工　16.00
无公害茶园农药安全使用技术　17.00
茶园土壤管理与施肥技术(第2版)　15.00
茶园绿肥作物种植与利用　14.00
茶树病虫害防治　12.00
中国名优茶加工技术　9.00
茶叶加工新技术与营销　18.00
小粒咖啡标准化生产技术　10.00
橡胶树栽培与利用　13.00
烤烟栽培技术　14.00
烤烟标准化生产技术　15.00
烟草病虫害防治手册　15.00
烟草施肥技术　6.00
烟粉虱及其防治　8.00
啤酒花丰产栽培技术　9.00
桑树高产栽培技术　8.00
亚麻(胡麻)高产栽培技术　4.00
甜菜生产实用技术问答　8.50
常见牧草原色图谱　59.00
优良牧草及栽培技术　11.00
动物检疫实用技术　12.00
动物产地检疫　7.50
畜禽屠宰检疫　12.00
畜禽养殖场消毒指南　13.00
新编兽医手册(修订版)　49.00
兽医临床工作手册　48.00
中兽医诊疗手册　45.00
兽医中药配伍技巧　15.00